大是文化

零基礎
財務學

公司裡每個人
都要有財務思維。

超過 50 個案例解析，看故事秒懂。

Financial Management

史丹佛大學會計博士、
清華大學經濟管理學院會計系博士生導師

賈寧 —— 著

目錄

第一章 **財務高手這樣解讀財報**

第二章 找錢：開源靠融資，節流靠管理

第四章 如何快速把脈一家上市公司

推薦序一
從企業家到投資客，
都該懂的財務思維

連續創業家暨兩岸三地上市公司指名度最高的頂尖財報職業講師
／林明樟（MJ）

第一次聽到賈寧老師的大名，是在 2017 年。當時我帶著團隊，在北京與上海教授了 36 期的「超級數字力」財務課程，在授課期間，聽到很多企業家學員們提到另一位中國財報名師——賈寧，她也是一位能用大白話，將複雜的財務思維講透的超級高手，因此我非常希望能認識賈教授，只可惜身邊並沒有人脈能實現此願望。

後來得知，她剛好在「得到」App（按：中國知識學習應用程式）裡和羅胖（按：中國媒體人羅振宇）的團隊開了一門課，於是我立刻報名，成了她的小粉絲。即使我研究財務知識已超過二十五年，在聽完她的財務思維課後，仍有很多新視角的啟發，同時也激發我在財務教學上的新靈感。

沒想到近六年後的今天，竟收到大是文化邀請為賈寧老師的新書撰寫推薦序，我就像再次遇到大師般一樣的驚喜，立即花幾個小時讀完全書書稿，仍舊醍醐灌頂、收穫滿滿。

我很喜歡賈寧老師這次的寫作方式，用大白話點出許多重要

的關鍵財務思維，並透過三大報表的重點解析：找錢（融資決策）、花錢（投資決策）、賺錢（獲利決策、商業模式決策），讓企業家或喜愛投資的你看見數字背後的經營戰略，結合數字的定量分析與商業邏輯的定性分析，教你如何控管風險，並做「有意義的冒險」。

另一個很棒的觀點，則是作者將企業的生命週期結合財務報表、獨創的財務戰略矩陣，讓讀者能以全新的視角，將其活用在解讀企業經營現況，與因應未來局勢變化下的財務承受能力；或是依照人生不同的階段，微調自己的家庭財務規畫；甚至對開創新事業時應有的風控與冒險取捨，都有很大的啟發。

臺灣只有一千七百多家上市公司，卻有一百四十多萬間中小企業，它們經營大不易，卻提供了 90％ 以上的就業機會（承擔了最大的社會責任）。如果每一位中小企業主都能有正確與完整的財務思維，加上自己的本業技能，我相信一定能做出更多、更好、高品質的經營決策，壯大自己的事業。

這是一本不可多得，充滿實戰智慧又好懂的財務思維好書，我不但會推薦給自己的兩萬多名學員，更以最榮幸的心情，滿分五顆星真誠推薦給臺灣每一位創業家及企業家前輩，希望各位讀者在閱讀本書後，也能滿載而歸，用正確的財務思維，引導自己的企業持續邁向高峰。

推薦序二
非財務背景人士，
也能學得會的財報分析

信達聯合會計師事務所所長、台灣創速創投董事合夥人，
《節稅的布局》、《重複的力量》作者／胡碩勻

　　無論你是企業主、經營者、財務人員、公司主管、投資人、投資顧問、債權人、教師、學生，財務報表分析對你而言都非常有價值。然而，會計相關的參考書，雖然能提供知識與見解，但很少讀起來如此愉快。許多沒上過會計課程的企業主或經營者，時常在財務管理方面感到困惑，**即使你聘請了合格的會計師與財會人員，你仍然需要知道如何閱讀和解釋他們提供給你的財報。**什麼是資產負債表與損益表？它向我們展示了公司業務的哪些資訊？投資人需要了解哪些統計數據？如何充分利用現金流？以上這些都是合理的擔憂，你也應該得到簡單易懂的答案。

　　在《零基礎財務學》中，作者賈寧博士將帶領你閱讀、分析、創建和理解各種財務報表背後的原理。要成為一名稱職且成功的企業主，你需要知道如何運用這些財務表格，以及如何利用它們來最大化的促進企業經營及財務狀況。作者還善用圖表方式，簡化複雜的知識，使讀者能立刻參照圖文、快速了解。此外，賈寧博士還將出色的學術理論與眾多現實生活中的例子相結合，為企

業經營者、股票投資者提供了非常實用的參考。

　　我經常講授「財務報表分析」的課程，另外也開發了一套「財報桌遊」課程，分組模擬經營一家企業，透過邊玩邊學財務報表分析，體驗企業營運交易循環。不論是否擁有財會背景，皆能從看不懂財報到學會親手編製公司財務報表，進而分析財務比率。

　　其中，我會運用杜邦分析法（DuPont analysis）的模式，將重要的財務指標股東權益報酬率（ROE），拆解成三項指標：純益率、資產周轉率、權益乘數，分別代表著企業的獲利能力、經營效率與財務槓桿。看到書中也對杜邦分析有許多著墨，並舉出許多實例，感到非常佩服。

　　此外，在第四章節，賈寧博士運用哈佛分析框架，用四個維度診斷一家公司是否健康，超脫一般財務人員僅懂得分析財務資訊的界限，建議我們應該要一併分析產業狀況以及會計品質，這點實屬難能可貴。

前言
用財務思維做決策，
職場一定比人強

　　財務報表反映了一家公司的經營狀況，反映了公司的戰略意圖，反映了公司的價值和未來。但同時，它也隱藏了公司的雄心和企圖、理念和選擇、花招和騙局。

　　不過遺憾的是，財務語言就像是天書，只能流通於少數人之間，普通人對它又愛又恨。我願意來改變這個現象，因為我找到了那把解讀財務語言的鑰匙，它就是——**財務思維**。

　　思維格局，決定了一個人的人生高度。這些年，我接觸了各行業的不少精英，發現他們都有一個共同點，就是看問題從不僅限於單一視角，而是在納入更多角度後，再進一步綜合判斷。視角越豐富，問題看得就越透澈，各種可能性就會考慮得越周全，這樣做出的決策，就越能趨近於正確。

　　因此，財務思維的價值，是幫助你在工作當中，增加一個思考視角和決策角度。無論你從事的是什麼工作，想要獲得成功，在做每個決策時都需要從財務角度思考，為什麼呢？

　　因為**企業所有的經營活動，本質上都是為了賺錢，並為股東創造價值。如果你在業務決策中，沒有從財務角度考量，那麼你做出的決策，就有可能和企業的目標不一致。**就好像在跑步比賽中，如果選手把方向搞錯了，就算跑得再快也是徒勞。這樣的人

在職場上的路，肯定不會走得很順利。

在收到錢之前，都不是真的利潤

為了讓你能夠更好的體會財務思維的價值，透過下面這個例子，我們可以看到：是否具備財務思維，會對業務決策有什麼不同的影響。

請你思考一個問題：什麼是銷售？

這是摩拜單車（Mobike）的創始人王曉峰在培訓銷售人員時所提出的問題。雖然當時在場的都是資深銷售員，但是讓他們僅用一、兩句話總結什麼是銷售，也不是件容易的事。最後王曉峰將他們給出的答案總結成六個字：「把東西賣出去」。

這顯然是不具備財務思維的銷售員給出的答案，為什麼？因為**即使把東西賣出去了，如果缺乏成本控制，公司也未必能因此賺到錢**。用財務的話說：收入高，利潤未必高。一些銷售人員為了完成銷售目標或者獲取新客戶，往往會對其大額補貼，導致客戶獲取成本上漲。

另外，不具備財務思維的銷售人員，為了完成目標，可能會飢不擇食的選擇客戶，導致後續回款困難。世界著名的信用管理企業鄧白氏集團（Dun & Bradstreet）發布的報告顯示，帳款的逾期時間與收款成功率成反比，換句話說，帳款逾期時間越長，回收的成功率就越低。因此在王曉峰看來，銷售其實是一個閉環（closed-loop）。**「把東西賣出去」只完成了銷售任務的一半，更重要的另一半，是能「把錢收回來」，這才是銷售的本質。**

　　增加了「把錢收回來」這個財務視角之後，銷售人員在做業務決策時就會產生兩個改變。首先，銷售人員在銷售前會優先考慮客戶的信用評價，具備財務思維的人只會選擇優質客戶。與其在帳款追討上耗費精力，不如提前在客戶選擇下功夫，盡可能選擇那些信用狀態良好的優質客戶。例如中國許多公司供貨給美國跨國零售企業沃爾瑪（Walmart），寧可忍受壓價，也願意繼續和它合作，因為與沃爾瑪做生意，把錢收回來的成本較低。

　　其次，在制定銷售政策時，具備財務思維的銷售人員不會為了提高銷售額而過度延長賒銷期。一些銷售人員為了吸引客戶，往往願意提供更長的信貸週期，接受客戶延後付款。這種先交貨、延期付款的銷售方式稱為信用銷售，也叫賒銷，是一種常見的促銷手段。然而，過長的賒銷期除了可能產生呆帳，還有一個風險，就是讓企業利潤和現金流越來越脫節。

　　有研究發現，在 1990 年代，每四家破產的美國企業中，就有三家是盈利的，僅有一家是虧損的。**這些盈利企業主要是因為缺少現金，資金鏈斷裂，最終導致破產。**此外，回款期越長，企業當下能用來再投資的資金就越少，進而會影響企業未來的收益。

　　你看，對於銷售員來說，如果增加了財務思維，他們就會做出不一樣的、更符合企業利益的業務決策。所以有人說：「**不懂財務的業務，都是偽業務。**」

　　也許你永遠不會從事財務工作，但你一定永遠身處於商業社會。所以，**財務思維不是你的一個選項，而是這個商業社會對你的要求。**

從零基礎，邁向財務高手

這本書能讓你快速了解財務的核心思維，以及企業管理中那些高明的財務策略，為你在工作和生活中的決策打開新的視角。讀完這本書，你會發現，書中介紹的一些財務思維將顛覆你的傳統認知。例如：**負債率高的企業，風險不一定高；利潤高的企業，卻未必為股東賺了錢。**

你也會發現，書中的一些財務思維，能夠被完美運用到你的工作和生活當中。例如面臨高度不確定的決策時，可以使用「實質選擇權」（real option）這個財務思維來降低決策風險；財務中的 OPM 策略（按：Other People's Money，意即用別人的錢），也可以用來幫助你更好的管理個人財務。

你還會發現，部分書中的財務思維，也經常被應用於其他領域。例如分析企業業績時經常使用的杜邦分析法，就是基於分治策略的財務思維，而分治策略在電腦科學和政治學領域也被廣泛的應用。

本書分為四大部分：

在第一章中，我將告訴你財務高手是如何解讀企業的財務報表，並超越報表的局限性，看清一家公司的真實情況。當然，透過報表了解公司的經營狀況，只是財務高手具備的能力之一。公司想要提升業績、創造價值，靠的是合理籌措資金，獲得更多資源，並懂得透過投資賺更多的錢。所以財務高手往往還具備另外兩項能力：一項是如何找錢的能力、一項是如何花錢的能力。

因此，在第二章中，我會告訴你財務高手在融資（對外找錢）和管理（對內找錢）這兩個方面的思維方式。在第三章中，你將

會理解財務高手如何做出投資和分配決策。

　　而在第四章中，我將教你一套分析思路和工具，幫助你快速「把脈」一家上市公司。本書最後還有附錄，如果你已對財務知識具有一定的基礎了解，就可以略過這一部分；但若你在此之前沒有財務基礎，則可以透過附錄，了解財務報表的核心科目。

　　曾國藩曾說過：「謀大事者，首重格局。」希望本書能提升你的思維格局，幫助你獲得在事業和生活中的成功。

第一章

財務高手
這樣解讀財報

01 | 財報，就是公司的體檢報告

提到財務思維，很多人自然會想到會計和財務報表。它們之間是什麼關係呢？簡單來說，財務報表是公司的一份「體檢報告」，會計人員就是負責抽血、檢測，把公司的各項經營活動量化、記錄，並製作成報告的人。但光有體檢報告還不夠，我們通常還要拿著它請醫生診斷，為什麼呢？這是因為體檢報告上只有數據，為了了解這些數據和身體狀況之間的關係，我們需要另外尋求醫生的判斷。

財務思維，就是根據公司的體檢報告，對其做出健康判斷和決策的能力。如果想做出正確的判斷和決策，我們得先看懂體檢報告的結果。好的醫生不僅懂得怎麼看體檢報告，更懂得它提供的資訊存在哪些局限性。財務報表也一樣，如果想做出正確的經營決策，就得理解企業的報表能反映出哪些經營情況，哪些又是報表中看不到的。

對任何一家企業而言，有三張報表是最重要的。這裡先簡單介紹一下這三張表，如果你想了解更多資訊，可以翻閱正文之後的附錄（按：企業還需要在財務報告中提供第四張表，即股東權益變動表，它反映的是企業股東權益總量的增減變動情況。由於

財務報表分析主要關注的是前三張表，本書在此並不會討論股東權益變動表）。

第一張表是資產負債表。它是會計年（半年或季度）末那天企業財務情況的一張靜態照片，它讓我們看到的是一家企業的「高矮胖瘦」。

第二張表叫損益表，也叫利潤表。如果說資產負債表是企業財務情況的一張靜態照片，損益表則像是一段錄影，它記錄了企業在一段時期內的經營成果，能夠重播盈利或虧損的形成過程。

第三張表是現金流量表，它反映的是企業在一段時間內，現金流入和流出的變化情況。其實，我們從資產負債表中就能看到企業持有多少現金，那為什麼還要刻意為企業的現金狀況編制一張表？因為現金涉及到企業的生死存亡，至關重要，後續我將會專門介紹企業的現金問題。

財務報表的兩大功能

在普通人眼裡，財務報表只是枯燥的資料和表格；但在財務高手眼裡，財務報表是一個重要的工具和一門必須掌握的語言。具體而言，**在企業內部，財務報表是管理和決策的工具；在企業外部，財務報表則是最通用的商業語言。**

財務報表在企業內部的主要功能，是幫助管理者做出正確的經營決策。

如果把企業管理者比喻為飛機機長，財務報表就相當於飛機上的儀表板。在飛行過程中，機長不可能親自收集飛機的各種資

料，所以根據儀表板呈現的資料，讓機長對飛行情況一目瞭然，從而做出正確的駕駛判斷。財務報表在企業內部的作用也是如此，把企業經營情況轉化成財務儀表板上的數據和指標，企業管理者就可以根據需要，讀取和分析這些數據，進而做出相應的經營決策了。

當然，做出正確決策的一個重要前提，是能夠真正讀懂財務儀表板上的數據，知道這些數據揭示了什麼資訊。同時還要明白其局限性，知道哪些重要的企業資訊是財務儀表板的盲區，並未被呈現出來。這顯然需要經營者具備敏銳的財務思維。

在企業外部，財務報表的主要功能則是幫助企業和投資者、債權人，以及其他有相關利益者溝通。

為什麼需要透過財務報表溝通呢？我們不妨反過來想一想，沒有財務報表的商業世界會是什麼樣子。

商業的核心是交易活動，而企業之間的併購也是一種交易。假設你現在想收購一家企業，市面上會有很多企業可供你選擇。雖然這些企業很清楚自己的品質如何，但是作為買方的你並不知曉這些資訊。在缺乏了解的情況下，作為一個理性的購買者，你只能根據市場上企業的平均品質來出價。

面對這樣的平均價格，劣質企業的價值顯然被高估了，自然會特別想賣給你；而優質企業的價值則被低估了，他們要麼選擇不出售，要麼只能賠本賣給你。這種情況若持續下去，最終會出現劣幣驅除良幣的現象。優質企業會逐漸退出市場，最後剩下的只有劣質企業了，屆時你能購買到的品質，只會越來越差。

上面這個例子反映的交易困境，是 2001 年諾貝爾經濟學獎

得主喬治・艾克羅夫（George Akerlof）教授在〈檸檬市場：品質不確定性和市場機制〉（*The Market for Lemons: Quality Uncertainty and the Market Mechanism*）論文中討論的一個經典問題（按：該論文使用汽車交易市場的例子，討論資訊不對稱的問題。文中以櫻桃和水蜜桃比喻車況良好的二手車，並以酸澀的檸檬比喻車況不佳的二手車）。之所以會出現這種現象，主要是交易雙方之間的資訊不透明、不對稱，導致買方無法識別哪些是好企業，哪些是爛企業。

其實，生活中的所有交易，如買房、買車，甚至買菜都存在類似的問題，由於不了解賣方的真實情況，我們都可能不小心買到「檸檬」，也就是品質差的商品。因此，要想建立良性的市場機制，就要想辦法讓買賣雙方的資訊透明化，加深彼此的了解。

但問題是，你的時間和精力都有限，你不可能親自走訪市場上的每一家企業。如果企業能透過一種方法總結，並展示自己的經營狀況，人人就可以快速判斷一家企業的好壞了。

這種方法，就是提供一套財務報表。

財務報表以外的資訊，也同樣重要

現行的企業會計準則中明確規定，財務報告的其中一個重要目的，便是為其使用者提供對決策有用的資訊。

但企業提供的財務報表必須不灌水、不造假，才能夠真正反映企業的情況。因此，財務報告的一個重要原則，便是真實性。早在 1939 年，會計學界的元老肯尼斯・麥克尼爾（Kenneth

MacNeal）就首次提出了「真實性原則」。學界的另一位元老威廉・史考特（William R. Scott）也曾明確提出，「財務報告應該毫無虛假的、真實的描述」。

但是，真實並不代表全部。財務報表是根據一套統一規則：**「企業會計準則」**編寫的，而任何規則都有其局限性，這就導致一家企業的真實情況無法完全反映在其財務報表中。

好比說資產，製造業企業最有價值的資產，便是廠房和設備等有形資產，高科技企業最有價值的則是技術、專利、人才等無形資源。然而，這些資源的投入能否在未來給企業帶來經濟利益，有著較大的不確定性，其價值本身也無法精準量化，這就不符合會計準則對資產的定義。因此，其中一些資源就不會出現在財務報表中。

又比如說負債，一些企業會為其他單位提供債務擔保，如果被擔保方出現狀況，擔保方則需要履行連帶責任。如果在簽署擔保合約時，這個責任未來是否會產生具有高度不確定性，那麼這種「或有負債」，就不符合會計準則對負債的定義，因此它也不會在資產負債表中出現。可是，在資產負債表中找不到，並不意味著這個債務不存在，或者這家企業沒有風險。

所以，我們在財務報表中可能並不能看到企業的某些重要資訊。此外，即使看到這些重要資訊，如果不具備財務思維，我們也可能會被表面上的數字所蒙蔽，從而難以了解企業背後真實的意圖和風險。

舉個例子。一家企業在某年的年度財務報告（簡稱年報）中報告了正收益，大部分人可能會以為這家企業的經營情況很好。

然而，如果仔細分析利潤的構成，我們就會發現這些利潤並非來自企業的主要經營業務，而是透過政府補貼、投資股票市場，甚至出售房產後獲得的。這種企業的經營風險其實非常高，在後文中我們會具體討論。

所以，真正的財務高手，不僅能看清財務報表裡的全部資訊，而且要能看到報表之外的隱藏資訊。

劃重點

如何看待財務報表的價值？

在企業內部，財務報表是管理和決策的工具；在企業外部，財務報表則是最通用的商業語言。

財務報告的重要目標，是向財務報告使用者提供對其進行決策來說有用的資訊。然而，由於會計準則的局限性，財務報表無法反映企業經營的全部情況。因此，在評估一家企業的時候，了解報表之外的資訊同樣重要。

02 | 資產的定義：未來能否替企業帶來收益

在了解三張財務報表有多重要之後，我們先來看看第一張表：資產負債表中的一個核心概念，就是「資產」，它占了整張資產負債表一半的篇幅。

我想請你先思考，什麼是資產？

也許你會覺得，但凡花錢買來的、自己擁有的東西就是資產。這個答案只對了一半。根據中國企業會計準則，資產的定義為：企業過去的交易或事項形成的，由企業擁有或者控制，預期會給企業帶來經濟利益的資源。這個定義強調兩個要素：擁有或者控制，以及未來經濟利益。通俗一點說就是：**資產是你擁有的，並且未來能讓你賺錢的東西。**

也就是說，擁有的東西不一定是資產，擁有而且能賺錢的東西才是資產。

資產的本質

我舉個例子來說明：假設一家蛋糕店接了一份特殊訂單，並為此買了 30 個特殊形狀的模具，這些模具就會被認定為企業的

資產。那麼，這批蛋糕做完之後，這30個剩餘模具還是蛋糕店的資產嗎？

　　按照一般的認知，這些模具是用真金白銀買來的，當然是資產。但是，在稻盛和夫這樣的頂級管理者看來，並非如此。

實例思考

　　稻盛和夫一生創辦了兩家世界500強企業。他在經營京瓷這家企業時，就遇到過類似的問題。早期京瓷的產品都是按客戶要求訂製的，每次都需要購買一些特殊的模具。然而，在稻盛和夫眼中，在生產完成之後，這些剩餘模具就不再是京瓷的資產了。

　　為什麼呢？原因很簡單，這些模具是為客戶訂製的，其他客戶無法使用。如果這個客戶以後不再下訂單，那麼這些模具實際上就沒有價值了，也就是說，這些模具未來不能為京瓷帶來任何收益。所以它們雖然是花錢買來的，但在企業完成相應的訂單後，從本質上來看，它們就不再是京瓷的資產了。

　　稻盛和夫認定資產的標準只有一個：未來是否能為企業帶來收益。只有那些未來能給企業創造利益的經濟資源，才是資產。

　　如果我們把這些剩餘模具錯誤的看作資產，對蛋糕店有什麼影響呢？這樣做會讓蛋糕店的資產變得「虛胖」，並向經營者發

送錯誤的訊號。

　　假設這時剛好有一筆銀行貸款快到期了，蛋糕店現金不夠，需要變賣一部分資產還債。當財務經理看到帳上有 30 個模具的資產時，便以為可以變賣模具以獲得現金還債，結果，這 30 個特殊模具不但沒人要買，蛋糕店還會因此還不上貸款，即將面臨破產的風險。

研發支出是不是資產？

　　上述的例子告訴我們，如果企業購買的資源不能繼續為企業創造收益，從本質上來看，它們便就不再是資產了。相反的，有些企業自己開發的資源，由於會計準則的局限性，在財務報表中被認定為「費用」，即企業經營中的消耗，但它們實際上可能是企業的重要資產。

　　在新經濟時代，會計處理上最有爭議的恐怕就是研發支出了。根據中國在 2006 年之前所使用的會計準則，研發支出是被當成費用而不是資產處理的。因為研發活動的失敗率太高了，未來能否給企業帶來收益的不確定性很高。因此，基於穩健保守原則，會計準則要求企業將其費用化處理。

　　這種做法會對企業產生什麼影響呢？費用會降低當期利潤，企業在研發活動投入的資金越多，當期利潤就越低，甚至可能從盈利變成虧損。所以很多企業家抱怨，雖然近年來，所有人一直在強調創新的重要性，但是舊的會計準則卻並沒有鼓勵創新，反而是在抑制創新。

那麼，企業不投入研發活動，問題不就解決了嗎？

根據萬得資料庫（按：Wind 資訊，中國金融資訊供應商）的資料，2018 年中國所有 A 股上市公司，在研發部門共投入了 7,143 億元（按：本書幣值若未特別提及，皆為人民幣）。難道這些企業 CEO 不知道研發支出對利潤的負面影響嗎？他們當然知道，但他們更明白，研發是企業的核心競爭力，其能在未來為企業創造巨大的經濟利益。美國著名的無形資產專家西奧多・蘇吉安尼斯（Theodore Sougiannis）教授研究發現，**企業每增加 1 美元的研發支出，在往後的 7 年便能累計增加 2 美元的利潤。**

所以，**在財務高手眼中，研發支出並不是費用，而是資產。**那投資者對研發支出的看法和財務高手一樣嗎？蘇吉安尼斯教授在研究中還發現，企業每增加 1 美元研發支出，其在資本市場的估值平均會增加 5 美元，也就是說，投資者能超越會計準則的局限性，從研發活動的本質來看待它的價值。

不在報表裡的重要資產

現在我們知道，有些列示在財務報表資產部分的項目，在財務高手眼裡其實並不是資產；而有些被列示在財務報表費用部分的項目，本質上卻是資產。

除此之外還有一種情形，就是部分對企業來說非常重要的資源，其實壓根就沒有出現在財務報表裡。

實例思考

以我任職的清華大學為例，它的財務報表中的主要資產包括教學大樓、宿舍，以及很多學生餐廳——北京清華的學生餐廳非常有名，涵蓋各種菜系，種類繁多。不過，清華大學難道是靠餐廳，來吸引各地的大考榜首的嗎？如果真是這樣，中國最熱門的學校恐怕會變成新東方烹飪學校。

那是什麼起作用了呢？是清華大學的品牌。「清華大學」這四個字一亮出來，不用做任何招生宣傳，考生就自己來報考了。

可「清華大學」這個有聲望的品牌，並沒有出現在資產負債表的資產一欄裡。這是為什麼呢？因為清華大學的品牌，雖然能持續為它帶來未來的收益，但由於它是自創品牌，價值無法量化，沒人能準確算出這幾個字究竟值多少錢，因此會計準則目前並不允許它出現在財務報表中。

世界上最值錢的飲料品牌，大概就是可口可樂。其創始人曾說過，假如有一天公司所有的廠房設備突然都化為灰燼，只要他還擁有「可口可樂」這個品牌，半年後就能複製一家與現在規模一模一樣的公司。但是，可口可樂的品牌價值也並未出現在可口可樂公司的財務報表中。

在新經濟時代，企業累積了大量的業務數據，包括使用者特徵、交易記錄、對產品的使用行為等等。勤業眾信（Deloitte

Touche Tohmatsu，四大國際會計事務所之一）等機構的研究團隊，收集多家網路企業的應用程式人均單日啟動次數、人均單日使用時長等數據，並透過分析發現，這些數據和企業的財務表現之間存在著正相關。這意味著，雖然沒有被列在財務報表中，這些數據卻是企業重要的資產。勤業眾信甚至提倡，企業未來應該增加一張針對業務數據的「數位資產表」。

　　所以，一家企業實際擁有的資源，可能遠遠大於其財務報表中記錄的資產。如果投資者不知道企業還有許多值錢的「表外資產」，將會嚴重低估這家企業的價值。

　　假設有一家企業和可口可樂公司的財務狀況一模一樣，唯一的不同是，這家企業沒有任何品牌資源。從財務報表上看，這兩家企業的價值是一模一樣的，然而品牌資產能夠在未來為可口可樂公司帶來更高的收入和利潤，相較之下，可口可樂公司未來的價值一定更高。如果投資人看不到這一點，在兩家企業之間做選擇時，就可能產生錯誤的決策。

劃重點

　　如何看待資產？

　　未來能為企業創造利益的經濟資源，才是資產。

　　企業實際擁有的資源，其實往往大於其財務報表中所記錄的資產。

03 經營的策略，
常躲在資產配置裡

能否給企業帶來經濟利益，只是觀察資產的其中一個角度。如果想要完整的了解一間企業的資產，財務高手還會觀察另一個重要角度——資產配置。

從不同的資產配置中，可以看出一家企業的戰略選擇，而戰略選擇又直接決定了其未來的命運。因此，我們可以透過資產配置揭示的資訊，判斷企業的經營戰略是什麼。

資產負債表除了顯示一家企業的資產總數，還會分門別類的報告這家企業的資產結構，比如，有多少現金、存貨，有多少價值的廠房設備等等。這就是資產配置。

不同企業的資產配置，可能會天差地遠。譬如說，同樣是1,000萬元的資產，有的企業可能持有800萬元的現金，其餘200萬元是廠房設備和其他資產；有的企業則可能只有100萬元現金，剩下的900萬元都是廠房設備和其他資產。

從這些資訊裡，我們能大致判斷出一家企業的經營模式是「輕資產」還是「重資產」。

一般來說，重資產企業的明顯特色是，有著較高的固定資產和存貨比例。固定資產指的是和生產經營活動有關的設備、廠房

與工具等等。存貨指的則是原物料、處在生產過程中的在製品，以及已經生產好的製成品。固定資產和存貨這兩個項目在資產負債表中都可以直接找到。比如鞍鋼股份（鞍山鋼鐵集團股份公司）的財務報告顯示，其2018年的固定資產和存貨的總額是631.89億元，占企業總資產的70.19％，顯然是一家典型的重資產企業。

相對而言，輕資產企業資產配置的明顯特徵，便是有較低的固定資產和存貨比例。所以我們自然會認為，鋼鐵、建材、汽車業是重資產企業，而高科技、網路企業是輕資產企業。但真的是這樣嗎？

例如可口可樂公司，生產並銷售飲料已一百三十多年，而這需要大規模的生產線來支援，所以在大部分人心目中，它絕對是一家重資產企業。但可口可樂公司2018年的財務報表卻顯示，它的庫存和固定資產總額是109.98億美元，僅占總資產的13.2％。這表示，可口可樂公司其實是一家輕資產企業。這是怎麼回事？

如果我們仔細觀察可口可樂公司這些年的戰略變化，就會發現它早期確實是一家重資產企業，自己投資生產線，自主生產。但是近幾年，可口可樂公司進行了重大的商業模式調整，積極「瘦身」，努力從重資產模式轉變為輕資產模式，背後的主要原因，則是為了挽救下滑的業績。

可口可樂公司的業績曾經非常亮眼，也是股神巴菲特（Warren Buffett）最看好的企業之一。然而近年來，隨著人們對健康生活理念的推崇，可口可樂的銷售額不斷下降。這迫使可

口可樂公司必須調整自己的經營戰略，想辦法提高盈利水準。

　　如果暫時無法透過擴大市場占有率提高銷售量，就得從節約成本入手，想辦法改變經營模式，並撤除價值鏈中成本最高、最不賺錢的業務環節。

實例思考

　　宏碁集團（Acer）創辦人施振榮在 1992 年提出了著名的「微笑曲線」理論。他認為，在製造業的整條產業鏈中，開發和服務是附加價值最高的業務環節，而組裝、製造則是附加價值最低的環節。企業只有不斷往附加價值高的區塊移動和定位，才能持續發展。

圖1－1　微笑曲線

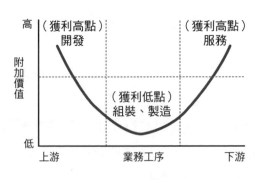

　　在可口可樂公司的生產鏈中，包裝環節是最不賺錢的，而上游的「濃縮糖漿」（可口可樂原料）和下游的銷售環節利潤相對更高。於是，可口可樂公司下定決心，撤出灌裝業務，轉而讓有特許經營權的廠商負責其生產和物流。可口可樂只負責生產濃縮糖漿、產品行銷及品牌維護。所以有人說，如今的可口可樂公司已不再是一家生產型企業，而是一家品牌企業。

　　輕資產戰略，其實很符合管理學中的二八定律——把 80% 的精力集中在 20% 最核心的事情上。

　　那麼，可口可樂公司的轉型成功嗎？其 2017 年第二季的財務報告顯示，公司的毛利率較去年同期上升了近 4%。根據可口可樂公司 CFO（財務長）的說法，撤出灌裝業務是可口可樂公司的利潤得到提升的主要原因。

輕資產模式對經營的影響

　　輕資產模式的本質，便是企業試圖把存貨和固定資產的資金投入降到最低，同時將其最大化利用在品牌文化、技術研發、人力資源等方面的「輕資產」，撬動、整合企業內外各種資源，從而提升利潤和資本回報率。

近年來，不分國界，越來越多的生產型企業，比如蘋果公司（Apple）、耐吉（Nike）、光明乳業（按：中國乳品與乳製品企業）等，都在使用輕資產經營模式。幾位會計學教授們曾在研究中，總結了輕資產企業的財務特徵。除了固定資產和存貨比例低以外，我們還可以從表1-1中看到，輕資產企業一些其他的典型財務特徵。

表1-1　輕資產模式的財務報表特徵

高	現金儲備、營運資本
	無息負債（通常依賴占用上下游資金）
	資產周轉速度、存貨周轉速度
	廣告費用、研發費用（具有行銷、技術優勢）
	利潤、經營現金流，證券投資及其收益
低	存貨、固定資產
	資本成本與利息費用
	有息負債
	現金股利分紅

資料來源：戴天婧、張茹、湯谷良（2012）財務戰略驅動企業盈利模式──美國蘋果公司輕資產模式案例研究。

　　輕資產企業往往擁有更高的利潤和更多的經營活動現金流。由於對其上下游有著較強的談判能力，它們通常能無償占用合作夥伴的資金。這就是財務管理中的類金融模式，在下一章節會具體討論。此外，由於輕資產企業專注於品牌打造和新產品的研發，其廣告和研發費用通常也會較高。

如此看來，輕資產模式的好處非常多，但它卻並不適用於所有企業。輕資產模式對企業的能力要求非常高，如果沒有強大的資源整合能力，特別是對合作企業的掌控能力，就會非常容易出現兩個問題。

第一個問題：產品品質可能失控。其中一個典型的案例就是光明乳業。2000 年時，光明乳業接受了管理諮詢公司麥肯錫（McKinsey & Company）的建議，開始轉型為輕資產模式，並陸續收購了一批地方小型乳品企業。但由於對收購企業的控制力不足，在「三聚氰胺奶粉」事件中，光明乳業也出現牛奶品質不合格的問題。但事實上，這些問題奶粉和牛奶，主要來自光明乳業收購的小型乳品企業。

第二個問題，企業可能失去對外部環境變化的敏感度和應對的靈活性。比如，可口可樂公司在自主負責灌裝業務時，能根據市場和消費者的變化，靈活的調整產品；在撤出灌裝業務之後，任何產品變化都需要和合作的灌裝廠商溝通協調，其市場反應速度明顯下降。為了應對此問題，可口可樂公司會週期性的買入和賣出灌裝業務。當企業需要規模和業務上的成長時，就把灌裝廠買下來；而當企業需要追求更高效益的時候，就再賣出去。

資產期限結構揭示經營風險

在評估一家企業的經營狀況時，除了透過資產配置看到企業的經營戰略，還得看到企業背後的經營風險。這時，我們就需要增加一個觀察的角度——資產的期限結構。

資產負債表中的資產排序，是按照期限從短到長排列的。會計準則中規定，企業準備持有不超過一年的資產，例如現金、存貨等，叫流動資產；土地、廠房設備這些企業準備持有超過一年以上的資產，叫非流動資產。

財務高手會特別關注流動資產和流動負債（也就是一年內要償還的債務）之間的關係，即流動比率，它的計算公式如下：

流動比率＝流動資產／流動負債

如果流動比率小於 1，企業就會存在資金斷裂的風險，此時投資者就要格外注意了。

除了資產的整體期限結構，我們還可以觀察一些具體資產欄目的期限結構，比如「應收帳款」。為什麼會產生應收帳款呢？假設企業賣給客戶 100 萬元的產品，而客戶當時只支付了 30 萬元，答應一年後支付剩下的 70 萬元，雖然此時企業還沒有真正收到這 70 萬元，但當產品售出之後，會計準則就要求把這部分帳款計入資產的「應收帳款」中。簡單來說，應收帳款就是客戶欠企業的錢。

一些銷售人員為了吸引客戶，往往願意提供更長的信用週期，接受客戶延後支付。前面有提過，這種常見的促銷手法就是信用銷售，也就是賒銷。但當財務高手在使用「賒銷」這種促銷手段之前，會多考慮兩個問題：

1. 回款週期對企業收益的影響有多大？

2. 應收帳款最終無法回收，成為呆帳的可能性有多高？

對於第一個問題，我們可以用財務中的一個重要概念來評估，就是**「資金的時間價值」**。如果今天將 100 萬元存在銀行，假設年利息是 10%，那麼一年後，這筆錢就會變成 110 萬元。反過來，把一年後的 100 萬元「折現」到今天，只相當於 100／（1＋10%）≒90.91 萬元。

如果企業在一年之後才能收到這筆賒銷的 70 萬元，就意味著這筆交易的總收入其實根本不到 100 萬元，只有 30＋〔70／（1＋10%）〕≒93.64 萬元。回款期越長，這個數字就越小。此外，企業經營獲取的收益通常會用於再投資，藉此賺更多的錢。回款期越長，當下能用來再投資的資金就越少。因此，回款週期，也就是應收帳款期限會直接影響企業收益。

對於第二個問題，財務高手常用「帳齡分析法」來判斷應收帳款的回收風險。簡單來說，就是把應收帳款按拖欠時間的長短分類，並按組估計呆帳的可能性。上市公司通常會在財務報告裡提供帳齡資訊，下頁表 1-2 就是科藍軟體（北京科藍軟體系統股份有限公司）在 2018 年年報中公布的應收帳款帳齡資訊。

科藍軟體是一家 IT（資訊技術）服務企業，主要客戶是銀行。銀行付款的審核程序複雜，速度又慢，所以通常科藍軟體在提供完服務後，需要等很長一段時間才能收到帳款，因此企業的帳齡普遍偏長。

根據鄧白氏集團發布的一份報告顯示，應收帳款的逾期時間與收款成功率成反比，應收帳款逾期時間越長，回收的成功率就

越低。如果逾期超過 90 天，回收成功率僅有 69.6％；如果超過半年，回收成功率會進一步降至 52.1％；如果逾期一年以上，那麼收回成功率僅剩22.8％。

表1-2　科藍軟體的應收帳款帳齡資訊

帳齡	2018 年期末餘額（元）
一年以內小計	392,198,189.8
一至兩年	100,468,562
兩至三年	70,526,320.46
三至四年	40,132,158.96
四至五年	12,723,962.14
五年以上	21,074,194.26
合計	637,123,387.62

資料來源：科藍軟體 2018 年年度財務報告。

　　如果企業的應收帳款帳齡偏長，我們就要特別警惕產生呆帳的可能性，這時就需要進一步分析客戶的還款能力與信用紀錄，估計壞帳可能帶來的損失金額。科藍軟體估算的壞帳損失如表 1-3 所示，和鄧白氏集團的調查結果一致：帳齡越長的應收帳款，成為呆帳的風險就越高。

表1-3　科藍軟體估算的呆帳損失風險

帳齡	2018 年呆帳準備（元）	計提比例
一年以內小計	19,609,909.49	5%
一至兩年	10,046,856.2	10%
兩至三年	14,105,264.09	20%
三至四年	20,066,079.48	50%
四至五年	6,361,981.07	50%
五年以上	21,074,194.26	100%
合計	91,264,284.59	

資料來源：科藍軟體 2018 年年度財務報告。

劃重點

　　分析資產時應重點關注哪些維度？

　　資產的配置，可以用以判斷一家企業的營運模式是輕資產還是重資產。

　　資產的期限結構，可以說明判斷企業的經營風險。

04 │ 財務資訊不能跨行業比較，特別是負債

除了資產，資產負債表中還有一個重要概念——負債，它也是這張表的一個重要部分。**公司負債經營是非常普遍的現象。**

財務高手在衡量企業的負債水準時，不僅會關注債務金額，還會關注「資產負債率」這項指標。資產負債率就是企業的負債總額與資產總額的比值。例如，一家企業的總負債是 400 萬元，而總資產有 1,000 萬元，那它的資產負債率就是 40％。

根據萬得資料庫的資料，2018 年中國 A 股上市公司（按：A 股又稱為人民幣普通股票，是指在中國註冊、在中國股票市場上市的普通股）的平均資產負債率是 60.8％。（按：在本書統計的指標中，包含此處，有部分不包含金融業，這些企業與其他上市公司無論在其所適用的會計制度，還是在業務性質都有相當大的差異）資產負債率是企業經營的風險指標。通常來說，如果一家企業有較低的負債率，那麼借錢給這家企業的債權人就會比較安心，投資者也會對其比較有信心；而如果一家企業的負債率很高，人們就會傾向認為這是一家風險極高的企業。但一定是這樣嗎？接下來，我就介紹幾個關於負債的認知「誤區」。

負債率不能跨行業比較

2018 年 12 月，中國房地產測評中心公布了《2018 年度中國房地產企業銷售 TOP200》排行榜，碧桂園以全年收入 3,790.79 億元位居榜首。然而碧桂園的年報顯示，2018 年，其總資產為 1.63 兆元，負債為 1.46 兆元，資產負債率高達 89.6％，創下自 2007 年上市以來的最高值。

另一家在香港上市的企業──美團網（按：以團購類型為主的中國電子商務平臺），其年報顯示，2018 年公司總資產為 1,206.62 億元，負債為 341.52 億元，資產負債率僅為 28.3％。

一個是 89.6％，一個是 28.3％，這麼一比，你可能會認為碧桂園的風險比美團網高太多了！

不過，在下結論之前，我們再仔細想一想：如果把梅西（Lionel Messi）和姚明放在一起，你會覺得誰更厲害？你可能覺得這個問題很難回答，因為他們擅長的根本不是同一項運動。假如非要拿梅西的籃球技術和姚明比，那對梅西就太不公平了！同樣的道理，把房地產企業和網路企業的資產負債率放在一起比較，也是不公平的！

房地產是資金密集型產業。蓋一棟大樓需花費數年的時間，從買土地、鋼筋水泥等建材到支付建築工人的薪資，企業需要不斷的在同一個建案裡砸錢。但它們實在沒那麼多錢，因而只能先向銀行借貸。也因此，房地產企業的資產負債率普遍很高。

相反的，電商等網路企業則是輕資產運作行業。網路企業既不蓋房子，也不太製造實體產品，沒有那麼大量的資金需求。此

外，它們也沒有太多能抵押給銀行的實物資產，本身就很難獲得貸款。因此，網路企業的資產負債率普遍較低。

事實上，「資產負債率」這項指標確實存在明顯的行業差異。根據萬得資料庫的資料，2018年中國A股上市公司中，平均資產負債率最高的三個行業分別是：房地產業，平均負債率80.2％；建築業，平均負債率76.2％；電力、熱力、燃氣及水的生產和供應業，其平均負債率64.9％。資產負債率最低的三個行業則是：皮革、毛皮、羽毛及其製品和製鞋業，平均負債率27.6％；酒、飲料和精緻茶製造業，平均負債率31.1％；印刷和記錄媒介複製業平均負債率32.3％（按：此處採中國證券監督管理委員會之行業分類標準）。

房地產業和網路業所處領域和經營性質不同，就好像一個是蘋果，一個是橘子，它們的財務資訊無法被放在一起比較。**財務資訊不能跨行業比較，這是財務報表分析的一個重要原則。**

那要怎麼比呢？正確的方法是：和同行業的其他企業比較。

根據中國房地產業協會在《2019中國房地產上市公司測評研究報告》中公布的資料，2018年中國上市房地產企業中，有近30％的企業資產負債率高於80％，碧桂園便是其中之一，其資產負債率甚至比大多數同行都還要高。

高負債不代表高風險

碧桂園背著那麼高的負債率，為什麼還能成為行業龍頭，而不是瀕臨破產呢？這背後的原因，藏在負債的性質裡面。

如果你仔細看表 1-4 中碧桂園 2018 年的資產負債表，就會發現一個叫「合約負債」的項目。

表1-4　碧桂園 2018 年資產負債表

單位：百萬元

	2018 年	2017 年
非流動資產		
物業、廠房及設備	23,421	21,628
投資物業	16,435	8,338
無形資產	670	392
土地使用權	2,496	2,425
在建物業	107,812	98,840
於合資企業之投資	27,891	19,346
於聯營公司之投資	18,768	11,585
以公允價值計量且其變動計入其他綜合收益的金融資產	1,796	1,517
衍生性金融商品	992	113
貿易及其他應收款	10,962	5,372
遞延所得稅資產	18,701	12,198
非流動資產合計	229,944	181,754
流動資產		
在建物業	626,937	360,922
持作銷售的已落成物業	44,338	27,886
存貨	8,822	4,252
貿易及其他應收款	426,397	272,640
合約資產及合約取得成本	17,094	15,738

（接下頁）

	2018 年	2017 年
預付所得稅金	21,350	13,198
受限資金	14,200	11,318
現金及約當現金	228,343	137,084
以公允價值計量且其變動計入損益的金融資產	12,019	24,830
衍生性金融商品	250	47
流動資產合計	1,399,750	867,915
流動負債		
合約負債	562,800	346,748
貿易及其他應付款	498,821	330,884
證券化安排的收款	794	1,805
當期所得稅負債	30,783	21,607
優先票據	2,238	3,795
公司債券	23,964	16,814
可換股債券	8,051	—
銀行及其他借款	91,844	47,672
衍生金融工具	111	212
流動負債合計	1,219,406	769,537
流動資產淨值	180,344	98,378
總資產減去流動負債	410,288	280,132
非流動負債		
優先票據	39,478	28,118
公司債券	17,944	30,520
可換股債券	5,117	—
銀行及其他借款	139,839	87,845
遞延政府補助金	249	233

（接下頁）

	2018 年	2017 年
遞延所得稅負債	32,224	16,448
衍生金融工具	2,029	356
非流動負債合計	236,880	163,520
本公司股東應占權益		
股本及溢價	27,881	24,461
其他儲備	8,247	5,943
留存收益	85,202	63,267
本公司股東應占權益合計	121,330	93,671
非控制性權益	52,078	22,941
權益總額	173,408	116,612
權益總額及非流動負債	410,288	280,132

資料來源：碧桂園 2018 年年度財務報告。

　　根據企業會計準則，合約負債是指企業已收或應收客戶對價（按：對價，契約法中的重要概念，其內涵是一方為換取另一方做某事的承諾，而向另一方支付的金錢代價或做出的某種承諾，即當事人一方在獲得某種利益時，必須給付對方的相應代價）而應向客戶轉讓商品的義務。

　　什麼意思？例如預售屋通常採用預付制，也就是簽購屋合約的時候，客戶會先把錢付給建商，等房子蓋好之後，建商再把房子交給客戶。在這段蓋房子的時間內，房地產公司已經收了客戶的錢，但還欠著客戶的房子，客戶繳納的預付款就成了房地產企業資產負債表上的合約負債。

　　但是，這種負債的增加代表房地產企業的風險變高了嗎？我

搜尋了一下「風險」這個詞的由來。其中最為普遍的一種說法是：在遠古時代，漁民們每次出海前都要向神靈祈禱，保佑自己能平安歸來，因為漁民深深的體會到海上的「風」會給他們帶來無法預測的危險。「風」即意味著「險」，因此有了「風險」這個詞。風險就是無法預測又不可控的因素。

回到蓋房子這件事情上。除非碰到地震、洪水這種不可抗力的天災，只要對方是誠信的建商，順利交屋還是一件預料之內會發生的事情。所以，合約負債背後對應的風險其實並不高。另外，房子賣得越多，合約負債才會越高，這反而說明公司業務經營得越好。

所以，單憑一間房地產公司有很高的資產負債率，就認為這是一家高風險企業，顯然是不對的。

我們再往進一步想，客戶交的預付款對於房地產公司來說，本質上意味著什麼呢？房地產企業收了客戶的錢，可以拿這筆錢去投資，也可以做其他它想做的事情。實際上，這等於是客戶變相借給建商的一筆錢。一般來說，除非是親友之間借錢，否則都是要付利息的。但是，建商有向客戶付過利息嗎？所以，買預售屋，並繳交頭期款，不但是客戶變相借給房地產企業一筆錢，而且這筆錢還是無息的。

用別人的錢賺錢

藉由預售屋收取頭期款，其實是一種非常聰明的財務管理方式，即前文中提過的 OPM。其本質上是一種無息債務融資方

式，也稱為類金融模式。常見的 OPM 模式有兩種：

一種是用客戶的錢，房地產企業採用的就是這種模式，類似的還有像共享單車所收取的押金、健身房的儲值卡等。

另一種則是用供應商的錢。比如沃爾瑪、蘇寧（按：中國電器零售公司）、格力電器（按：中國大型電器與家電製造商）、茅臺（按：中國酒類製造商）、京東這些企業，都在無償占用供應商的錢。

它們是怎麼做的呢？假設我在蘇寧買了 1 萬元的家電。蘇寧收到我的錢後，會馬上將其中 3,000 元轉帳給其供應商嗎？不會的，它們通常會押款一段時間。這麼一來，原本不屬於蘇寧的那 3,000 元就能在公司的帳上多待一陣子，對於蘇寧來說，不僅現金流變得更好看，它還能將這 3,000 元用於營運或者投資。

事實上，蘇寧和國美（按：中國電器零售公司）很早就開始使用 OPM 策略了。這兩家企業透過自身的銷售網路優勢，增加與家電廠商的議價能力，透過不斷延長付款期限，無償占用這些廠商的資金。國美的資金占用週期從 2005 年的 112 天，延長至 2010 年的 137 天；蘇寧則從 2005 年的 42 天，延長至 2010 年的 111 天。

OPM 策略給這兩家企業帶來了多大的好處呢？2005 年，國美透過 OPM 策略，節省了 2.25 億元的利息支出，約占當年利潤的 29%。蘇寧節省的利息支出，占 2005 年利潤的 9% 左右。

除了財務收益，OPM 策略在這兩家企業的擴張戰略中也發揮了重要作用，擴張新店面的部分資金缺口就是靠大量占用供應商資金補足的。可以說，OPM 策略成功的幫助這兩家企業快速

實現規模擴張，使其成長為行業龍頭。

由此可見，企業「賺錢」的方法其實有很多。除了依靠販售產品、提供服務的傳統手段，經營過程中高超的財務思維和運作方式，同樣可以讓企業獲得巨大的財務收益。

學會負債是一種能力

OPM 策略背後的財務思維——用別人的錢賺錢，其實由來已久。法國著名作家小仲馬（Alexandre Dumas fils）的《金錢問題》（*La Question d'argent*）中就有這樣一句臺詞：「**經商是十分簡單的事，它就是借用別人的資金。**」

大部分人對負債有一種天然的抗拒心理，一想到自己欠了別人的錢，便會夜不能寐。但是，財務高手懂得如何借雞生蛋，用別人的錢讓自己的生意越做越大。

你可能認為，企業之所以敢用 OPM 策略，是因為其占用客戶或者供應商的資金時，並沒有利息壓力。實際上，企業也會積極引入風險更高的有息債務，比如說銀行貸款等。只要使用貸款資金進行投資，並獲得高於債務利息的收益，這樣做就是合理的。舉個例子，你面前有一個很好的投資機會，投資 100 萬元能獲利 20 萬元。就算你手頭沒那麼多錢，但如果銀行的利息只要 10 萬元，你就能先向銀行貸款，最後還淨賺 10 萬元。這就是用銀行的錢為自己賺錢。

不懂得利用負債的人，只能保守的守著自己的攤子。可口可樂公司前任董事長羅伯特・伍德羅夫（Robert Woodruff）是

一位在財務管理方面極為保守的企業家。他執掌可口可樂公司期間，十分不喜歡使用債務資金，因此，可口可樂公司在 1980 年之前幾乎沒有任何銀行貸款。伍德羅夫的謹慎雖然讓可口可樂公司在經濟危機中幸運的存活了下來，卻也制約了企業的發展速度。後來，被稱為「可口可樂改革者」的羅伯特・古茲維塔（Roberto Goizueta）繼任了公司董事長。他十分擅長資本運作，繼任後一改過往的作風，大舉增加了公司的負債水準。

當然，古茲維塔並不是濫借貸款來加重企業的財務負擔，而是看準發展方向，將資金用在世界各地收購灌裝廠，並將其改造升級。古茲維塔的財務邏輯十分清晰：「你基於一定的利率貸款，再用那些錢進行更高回報的投資，兩者之間的差額就會落入你的口袋。就是這麼簡單。」

在他執掌可口可樂公司期間（1981～1997 年），公司的市值從 40 億美元成長到 1,500 億美元，規模也擴張了 3 倍。如果畏首畏尾，不敢冒借貸的風險，那麼企業就會失去發展的好機會，最終在競爭中失敗。

負債風險取決於負債性質

OPM 策略表面上會提高企業的資產負債率，但企業的風險其實並不高。因此，**財務高手在基於負債率評估企業風險之前，會先去了解負債具有什麼樣的性質。**

負債的性質可以分為兩種。

　　第一種是經營性負債，是由企業經營模式（例如OPM策略）造成的負債。這種負債其實不可怕，也沒有利息壓力，它們不是財務高手在評估企業風險的時候最注重的方面。

　　第二種是金融性負債，即企業需要償還利息和本金的債務。這種債務越多，企業的財務風險就會越高。遇到這種負債時，我們就需要多加留意。

　　了解負債的不同性質之後，我們再回頭看一下碧桂園的資產負債表。2018年，碧桂園的合約負債是5,628億元，占負債總額的38.6％。因此，碧桂園的實際負債率其實遠低於表面上的89.6％。當然，資產負債率不是判斷企業風險的唯一標準，我們還需要結合企業的經營情況對企業全面且綜合的分析。

劃重點

　　如何看待負債？

　　企業負債水準和其他財務指標，都不能跨行業比較。

　　負債性質決定負債風險。經營性負債屬於低風險負債，而金融性負債屬於高風險負債。

藏在報表之外的三種負債

　　前文提過，因為人才、專利、技術等有價值的一些無形資源並不符合會計準則的規定，所以沒有被列入企業財務報表的資產中。同樣的，**有些潛在的企業債務，也會因為不符合規定，而沒有出現在財務報表的負債中。**

　　這些沒有被列在報表中的債務就像隱藏在水下的冰山，平日裡風平浪靜，但一旦爆發，就可能像《鐵達尼號》（*Titanic*）的下場一樣，對企業造成毀滅性的災難。21世紀初，安隆公司（Enron Corporation，美國能源業公司）等企業就是因為大量的「表外」債務，最終導致破產。

　　所以，要想認清一家企業的真實債務情況，僅看資產負債表內列出了哪些負債是不夠的，還需要了解企業有哪些表外債務。但它們既複雜又隱蔽，就連很多專業人士都搞不清楚。曾有研究調查過會計人員對表外債務的理解情況，其中回答很清楚的只有10.5％，回答不清楚的竟然高達23.3％。

　　下列，我將介紹一些常見的，但並不會被列入財務報表中的企業債務。

或有負債

關於此概念，我們先來看一個案例。

瑞典奇異布朗－博韋里公司（Asea Brown Boveri，ABB）是歐洲一家著名的電器公司，曾在《財富》雜誌（*Fortune*）世界 500 強中名列第 68 位。其發明了數十樣改變人類生活的重大技術，包括世上首條高壓直流輸電線、最長的地下輸電系統、首批工業機器人等等。

ABB 是靠大量的併購活動迅速成長起來的，其本身便是由一家瑞典公司和一家瑞士公司在 1988 年合併而來。兩家企業互補，合併後迅速發展。在嘗到甜頭之後，新企業繼續到處開疆闢土，每個員工和投資者都期待 ABB 未來更大的發展。

1989 年 12 月，ABB 收購了燃燒工程公司（Combustion Engineering），後者主要為美國海軍以及世界各地的鐵路公司、鑄造廠和石油化工製造企業提供鍋爐產品。然而，ABB 在完成收購前，竟只對燃燒工程公司的財務面盡責查證（按：due diligence，指在收購過程中，收購者對目標公司的資產、負債、財務、法律關係，以及其所面臨的機會與潛在風險的一系列調查），卻忽略了這家企業在經營面的一個重要隱患：它的鍋爐產品使用含有致癌物質的石棉作為隔熱材料。

後來，接觸過這種鍋爐的員工和客戶身體出現了不良反應，超過十萬人對 ABB 發起集體訴訟。ABB 為此支付了 8.65 億美元的賠償金，導致公司在 2001 年時，出現 6.91 億美元的巨額虧損，瀕臨破產。後來，ABB 成立一隻 12 億美元的信託基金作為

賠償保障的承諾，使原告同意 ABB 提出的燃燒工程公司破產申請，這才結束了這場官司。

　　ABB 遇到的這類訴訟，是經營過程中經常面臨的一種風險。企業一旦敗訴，對其業績將會有巨大的影響。而在一些訴訟案件中，當法院尚未判決時，企業無法預期訴訟的結果，也不能有依據的計算其將要承擔多少賠償金，這樣的訴訟案件就會被認定為企業的一項「或有負債」。

　　或有負債並不會被列入資產負債表的負債中。資產負債表的負債通常需要有明確的支付時間和金額，但或有負債像一顆不定時炸彈，它是否會爆炸、何時會爆炸都是未知數。若一旦爆炸，它的殺傷力也無法預計。因此，或有負債並不符合會計準則對負債的認定，並不能載入財務報表。

　　然而，或有負債仍然可能對企業造成影響，因此需要有一種方式，讓財務報表的使用者知曉這種債務的存在，那就是公布在報表的附註中。企業會計準則規定：除非或有負債導致企業經濟利益波動的可能性極小，否則企業應在財務報表附註中公開有關資訊。

　　具體內容應包括：

　　1. 或有負債的種類及其形成原因，包括已貼現之商業承兌匯票、未決訴訟、未決仲裁、對外提供擔保等因形成的或有負債。

　　2. 其經濟利益損失不確定性的說明。

　　3. 或有負債預計產生的財務影響，以及獲得補償的可能性；無法預計的，應當說明原因。

或有負債的另外一個常見例子是債務擔保。一些企業會為其他單位提供債務擔保，如果對方無法履約，擔保方則需要履行連帶責任。如果在簽署合約時，這個責任的發生率具有高度不確定性，它就會被認定為或有負債，不在資產負債表的負債中出現。

但是，如果已經有客觀證據顯示，被擔保企業無法償還債務，而擔保企業有很大機率要承擔連帶責任，支付其相關費用，且費用的範圍也已能被估計時，按照會計準則的規定，擔保企業就不能把這類債務確認為或有負債，而是需要將其確認為「預計負債」，而預計負債是需要被列示在資產負債表的負債中的。同時，企業還需要在財務報告的附註中進一步公布預計負債的具體資訊，包括預計負債的種類、形成原因、金額等。

刻意隱藏負債

如上所述，或有負債是由於不符合會計準則對負債的定義，所以不會出現在資產負債表中。還有另一種負債不會出現在資產負債表中的情形，就是企業為了讓財務報表上的負債率看起來更低，刻意將一些債務隱藏在財務報表之外。

2019 年 4 月，上海證券交易所（簡稱上交所）發函給新城控股集團股份有限公司（簡稱新城控股），質疑其將高額負債刻意隱藏在財務報表外，事情的具體經過如下：

房地產企業由於專案資金需求量大，又需要分散風險，通常有大量的合資／聯營公司。根據會計準則，如果新城控股擁有一家合資／聯營公司的控制權，那它就需要合併其財務報表，換句

話說，合資／聯營公司的資產和債務都必須計入新城控股的財務報表中。

　　然而新城控股卻找了個理由，說自己是根據自家公司規定，而不是會計準則的規定來決定是否合併財務報表的，因此沒有把24家持股比例超過50％的合資／聯營公司的財務報表合併，這個解釋顯然沒有說服力。

　　那麼，新城控股為什麼不願意把這24家企業的財務情況納入自己的財務報表中呢？

　　你如果仔細看一下這24家企業的情況（下頁表1-5），就會發現它們大多都是虧損企業，而且資產負債率非常高。其中，永清縣新城房地產開發有限公司的資產負債率甚至達到399.54％。

　　新城控股2018年年報顯示，截至同年12月底，其自身的資產負債率已經高達84.57％。如果再將這24家高負債企業合併，它的資產負債率顯然會再進一步上升。新城控股這幾年現金流一直很緊張，高度依賴銀行貸款。如果繼續推高資產負債率，就會引發銀行的擔心，所以它才會把應該包含在財務報表內的負債資料想辦法挪移到表外去。刻意把負債隱藏在財務報表外，便是刻意欺瞞投資者，是一種嚴重違反會計準則的行為。

創新融資方式

　　還有一種沒有出現在資產負債表中的債務，而它是由創新的融資方式帶來的。

　　假設你開了一所私立學校，需要擴建而急需一筆資金。找投

表1-5　新城控股2018年末併表企業

單位：萬元

公司名稱	總資產	總負債	資產負債率	淨利潤
上海佳朋房地產開發有限公司	613,581.42	353,624.76	57.63%	-418.66
上海嘉禹置業有限公司	444,974.43	396,040.26	89.00%	-758.78
佛山鼎城房地產有限公司	816,249.14	773,026.44	94.70%	-4,869.88
唐山郡成房地產開發有限公司	223,791.56	225,398.68	100.72%	-1,607.05
天津俊安房地產開發有限公司	168,434.48	163,312.53	96.96%	-535.90
天津市澱興房地產開發有限公司	408,020.63	370,278.62	90.75%	-2,245.53
常州新城創恒房地產開發有限公司	606,906.94	535,018.26	88.15%	-1,170.38
常州新城宏業房地產有限公司	372,421.71	342,164.41	92.00%	-43.45
常州新城紫東房地產發展有限公司	587,712.76	587,712.76	92.40%	226.89
常熟中置房地產有限公司	118,237.62	31,992.59	27.06%	23,377.10
成都興青房地產開發有限公司	175,668.38	174,924.23	99.58%	-922.52
日照億昶房地產開發有限公司	61,383.46	9,929.56	16.18%	-546.10
昆明新城億崧房地產開發有限公司	74,392.83	69,423.51	93.32%	-28.69
永清縣新城房地產開發有限公司	6.51	26.01	399.54%	-0.12
永清銀泰新城建設開發有限公司	24,880.04	14,910.96	59.93%	-1.86
蘇州晟天房地產諮詢有限公司	165,618.49	145,451.32	87.82%	-4,832.83
蘇州聿盛房地產開發有限公司	1,614,023.37	1,567,204.85	97.10%	-5,380.78
莒縣悅雋置業有限公司	46,705.71	11,820.96	25.31%	-115.25
重慶柯爵企業管理有限公司	88,633.86	48,639.68	54.88%	-5.81
江蘇環太湖文化藝術城置業投資有限公司	269,852.11	264,997.71	98.20%	-29.57
紹興新城億佳房地產開發有限公司	156,771.55	142,587.40	90.95%	-101.56
南京新城萬博房地產開發有限公司	395,108.70	362,304.09	91.70%	-548.81
天津市津南區新城吾悅房地產開發有限公司	436,836.03	389,888.85	89.25%	-4,207.96
太原新城凱拓房地產開發有限公司	482,762.45	436,250.07	90.37%	-3,487.62
合計	8,352,974.18	7,372,722.02	88.26%	-8,255.12

資料來源：新城控股關於2018年年度財務報告事後審核問詢函的回覆公告。

資人的話週期較長，你又不想出讓公司股份，稀釋自己對公司的控制權，於是你想找一家銀行貸款。但是想獲得銀行貸款，通常需要抵押、擔保，但是教育行業有其特殊性，根據中國法律規定，用於教育的房地產、教育設施不得拿來抵押，所以找銀行貸款也很困難。

股權融資和貸款都不行，是不是就無法擴建了呢？其實還有一種方法，就是近幾年非常流行的一種新的融資方式，叫資產抵押證券（Asset－Backed Security，簡稱 ABS）。

ABS 簡單來說，就是你手上有樣物品，其能在未來不斷為你帶來現金，而且你可以相對準確的預測此未來現金流的金額與頻率，這時你就可以和金融機構合作，基於這個穩定的未來現金流發行證券，從而獲得一筆融資，並用未來產生的現金來保障購買證券的人的收益。這種操作的本質就是預支未來的錢，透過打包出售這些未來收入，換取當下的融資。

例如 2017 年，北京二十一世紀國際學校就發行了 3 億元的 ABS，廈門英才學校也發行了 8 億元的 ABS。

除了學校，各類旅遊景點、主題公園也常用這種創新融資方式。這些地方最穩定的現金流是入園的門票，而這也是 ABS 的基礎資產。在 2012 年，華僑城集團發行了 18.5 億元的歡樂谷主題公園 ABS。2018 年，武漢三特索道集團發行了 8 億元的索道 ABS。同年，青島海昌海洋公園也發行了 10 億元 ABS。

只要是能穩定產生現金的資產，都可被用來做成 ABS。學校所發行的 ABS，是用學生未來定期支付的學費和生活費來保障該證券購買者的收益；而主題公園和旅遊景點發行的 ABS，

則是用未來的門票收入來保障購買者的收益。從這個角度看，ABS 便具備了債務的一些特點，然而在中國現行的會計準則下，部分種類的 ABS 並沒有被要求在資產負債表中列出。

（按：臺灣也有 ABS 的販售，例如近年有些綠能產業便使用 ABS 籌資，金融業也有發行 ABS，如債務擔保證券〔Collateralized Debt Obligation，簡稱 CDO〕等。而是否需於資產負債表中列出，則要看實際情況，如果其本質仍是債務，還是應列示在負債；若是已包裝成權益商品，則可列示為股東權益。）

近幾年除了 ABS，許多企業還十分熱衷於另一種創新的融資工具：永久債券。永久債券是由企業發行，沒有明確的到期時間，或期限非常長（一般超過三十年）的債券。中國第一隻永久債券於 2013 年發行。截至 2019 年 6 月，中國國內共發行了 1,139 份永久債券，發行規模累計達 1.6 兆元。其中，國有企業發行的永久債券，數量占總發行數量的 95%。

永久債券名義上是債券，然而，根據中國財政部規定，有些永久債券並不會被認定是負債，而是被認定為「股東權益」。因為不同於一般債券，永久債券沒有固定期限，發行人可以無限期推遲利息或本金的支付。有趣的是，熱衷於發行永久債券的企業往往是建築業、製造業等資金密集型行業。這些行業中，公司的資產負債率水準普遍較高，發行永久債券便可以控制它們表面上的資產負債率，避免其進一步提高（按：臺灣較少有公司發行此種永久債券）。

劃重點

財務報表中看到的負債只是企業所有債務的一部分。

報表外的負債通常有三種情況：

1. 或有負債，其通常與企業的經營特色有關。

2. 為了降低資產負債率，有些企業會刻意隱藏負債。

3. 與新興的融資方式、金融工具相關的負債。

會計利潤與經濟利潤，
哪個才是真利潤？

　　了解資產負債表的核心內容以後，我們再來看看第二張財務報表——損益表，也叫利潤表。企業擁有資產是為了賺錢，而到底賺了多少錢，便反映在損益表中。

　　我想請你先思考一下：什麼是賺錢？

　　你可能會很疑惑，怎麼可能有人連什麼是賺錢都不知道呢？實際上，每次我培訓企業高級主管時，都會先問他們一個有關賺錢的問題——但並不是每個人都能答對。連這些天天想著怎麼賺錢的主管都不一定能答對，可見「賺錢」的定義可沒那麼簡單。

　　同樣的問題，我也來問問你。假設你有 1 萬元可以投資，如果把錢投資在麥當勞（McDonald's），你可以獲得 1,000 元的利潤；而如果投資給肯德基（KFC），你可以獲得 1,500 元的利潤，而你最後選擇投資麥當勞。

　　請問，麥當勞幫你賺錢了嗎？

　　我猜你大概會覺得：不是賺了 1,000 元嗎，這算什麼問題？但如果去問財務高手，他們會告訴你，麥當勞不僅沒幫你賺錢，還讓你虧了 500元！

什麼是賺錢

　　麥當勞這個例子，其實代表著會計學界對「什麼是賺錢」的一場思想革命。

　　你投資麥當勞時賺的 1,000 元，是我們通常熟悉的會計利潤，也就是能在損益表中看到的利潤數字。會計利潤，等於收入減去所有看得見的成本。例如麥當勞的漢堡一個賣 15 元，而這個漢堡所需要的牛肉、生菜等原料，還有管理費用等成本一共 10 元，那麼麥當勞在這個漢堡上的會計利潤，就是 5 元。

　　這樣衡量利潤有什麼問題嗎？

　　會計利潤僅僅把「0」作為基準線比較，只要收益大於 0，會計利潤就認為企業在為股東創造價值。這種計算方式沒有衡量企業真正的盈利能力，因為它忽略了一個重要的隱形成本，資金的機會成本。

　　一般來說，每個人的投資選擇都不會只有一個。當你決定投資一個項目的時候，等於放棄了其他項目可帶來的收益。你選擇投資麥當勞，就等於放棄了投資肯德基，以及可以賺 1,500 元的機會。

　　正確的比較基準線，應該是投資人**在同風險等級的其他方案上能夠獲得的收益**，而這就是投資一個項目的機會成本。

　　因此，要判斷麥當勞是不是真的給你賺錢了，需要用麥當勞提供給你的收益，減去投資肯德基會帶給你的收益。只有當數字為正時，麥當勞才是真正為你賺了錢，也就是為你創造了價值。這就是財務高手認為麥當勞讓你虧了 500 元的原因。

　　管理大師彼得・杜拉克（Peter F. Drucker）在其 1995 年發表的「經理人真正需要的資訊」（*The Information Executives Truly Need*）一文中提到：「我們通常所說的利潤，其實並不是真正意義上的利潤。如果一家企業未能獲得超過資本成本（cost of capital，將資金引入某個投資項目的預期回報）的利潤，那麼它就等於處於虧損狀態。這家企業並沒有在創造價值，而是在毀滅價值。」

從會計利潤到經濟利潤

　　意識到這點之後，會計學界便掀起了一場利潤革命，開始用「經濟利潤」（Economic Profit，簡稱 EP）的概念來衡量什麼是賺錢。經濟利潤的計算公式如下：

經濟利潤＝會計利潤－資金的機會成本

　　機會成本是，在做一個決策時，放棄的其他選擇中價值最高的選項。不過，機會成本並不是固定不變的，同一種資源在某些情況下是機會成本，在另一些情況下可能會變成沉沒成本（sunk cost，已經發生且不可收回的成本）。

　　在美國求學時，我常去一家餐廳，它們賣的是炸蝦餅和海鮮湯。去的次數多了，我便發現每天都有炸蝦餅，而海鮮湯則是限量的，並非每天都供應。跟老闆熟了之後我才知道，這家店每天會預估需要醃製多少蝦肉做炸蝦餅。如果估的量太多，多醃的蝦

肉又無法儲存，就只能用來做海鮮湯了。

　　餐廳在計算海鮮湯的成本時，應該包括剩餘的醃製蝦肉嗎？答案是不應該，因為那些蝦肉已經被醃製過了，如果不做成海鮮湯，就要被扔掉。

　　假如炸蝦餅的銷量超過預期，但老闆將其中一些蝦肉預留出來做海鮮湯，這些蝦肉算什麼成本呢？這時候，被預留的蝦肉就成了機會成本，應該算入海鮮湯的成本，因為它們本來是用於製作炸蝦餅的。

　　所以，機會成本的界線有時並不明確。

　　現實中，計算資金的機會成本，也就是資本成本的方法有很多種。常用的一種方法是加權平均資本成本（Weighted Average Cost of Capital，簡稱 WACC）。它的計算方法是，把每種類型資金的成本乘以這類資金占總資本的比重，然後將得到的數字加總。由於企業從外部獲取資金的來源主要有兩種，股權和債權，加權平均資本成本的計算公式通常如下：

加權平均資本成本＝〔債務資本成本×（1－稅率）×（債務資本／總資本）〕＋〔股權資本成本×（股權資本／總資本）〕

　　例如一家企業的資產負債率是40％，也就是債務資本占總資本的40％，而股權資本占60％。債務資本成本為12％，股權資本成本為20％，稅率為25％，那麼這家企業的加權平均資本成本＝〔12％×（1－25％）×40％〕＋20％×60％＝15.6％。

　　為什麼債務資本成本要扣除稅率呢？因為債務涉及的利息費

用支出是直接從當期的稅前利潤中扣除的，這樣企業就可以少繳一些稅。這筆從稅收抵扣中獲得的收益〔債務資本成本（即利息）×稅率〕，又被稱為利息稅盾，實際上也降低了債務資金的真實成本。

當然，實際計算經濟利潤時，還需要非常複雜的會計調整。甚至有研究顯示，為了精確計算經濟利潤，調整項最多可能高達兩百項。

近似的正確好過精確的錯誤

在這種情況下，我們還應該使用經濟利潤嗎？

巴菲特在給股東的信件內這句話，我非常欣賞，「近似的正確好過精確的錯誤」（I would rather be vaguely right than precisely wrong）。

這也是財務發展的一種思維，即反覆運算式的小步進步。儘管計量上較複雜，不容易計算精準，但是人們已意識到，在衡量企業的價值創造時，經濟利潤是一項比會計利潤更有參考價值的指標。

而事實上，可口可樂公司、IBM（International Business Machines Corporation，國際商業機器公司）等世界前 500 強的企業，也早已採用經濟利潤來考核管理人員的業績。2013 年起，中國國務院國有資產監督管理委員會（簡稱「國資委」）也開始在其中央企業（中國國有企業，簡稱「央企」）中全面推廣經濟利潤考核。為了推廣其應用，國資委基於「近似的正確好過

精確的錯誤」此理念，將資本成本統一設定為 5.5％。

　　研究發現，實施經濟利潤考核確實有助於改善企業績效，提升企業價值。羅伯特・克萊曼（Robert T. Kleiman）教授研究發現，實施經濟利潤考核的企業，在之後三年內的業績，將明顯優於未實施的企業。中國學者使用A股上市公司資料研究後，也發現經濟利潤考核，整體上有助於提升企業價值，並能提升企業的創新水準。

　　有的人可能會問：會計利潤和經濟利潤計算出來的數字，會有很大的差別嗎？答案是：會，而且非常大。

　　舉個例子。安隆公司 1999 年和 2000 年的年報中，公布其會計利潤分別是 8.93 億美元和 9.79 億美元。安隆公司在 2000 年的年報中表示：「公司的淨利潤在今年創下歷史紀錄，並且盈利能力還有望能繼續提高。」但是，如果計算公司那兩年的經濟利潤，我們就會發現，業績根本就沒有如年報中吹噓的那麼優秀。事實上，安隆在那兩年的經濟利潤，甚至是負數。

　　其會計利潤和經濟利潤為什麼會有這麼大的差異呢？

　　其實自 1999 年開始，安隆的經營就已出現了問題。它們並沒有什麼高收益項目可以投資，但是為了保持正會計利潤與蒙蔽股東，公司飢不擇食的投資了大量的低回報項目，其中包括能源業和寬頻網路等。這些項目的回報率非常低，甚至比銀行貸款的利率還低。所以，安隆公司表面上看起來為股東創造了利潤，實際上卻是在揮霍投資人的錢，導致負的經濟利潤，最終使公司破產。當然，這只是比較極端的一個例子，安隆的破產非常複雜，資金使用不當只是其中一個原因而已。

鐵路時代與資產折舊

「近似的正確好過精確的錯誤」這種思維，在財務領域的很多地方都能找到，例如美國第一條橫跨北美的鐵路工程。這是個非常重要的案例，絕大多數現代財務的理論和智慧，都在其中有所展現。

在這條鐵路修建以前，如果想到美國的另一端，人們只能選擇穿越巴拿馬地峽，或乘船越過非洲的好望角。而無論採用哪種方式，都需要好幾週的時間，耗費上千美元。

到了 1860 年代，美國的技術有了飛躍式的突破，當時出現了中央太平洋鐵路（Central Pacific Railroad）、西太平洋鐵路（Western Pacific Railroad）及聯合太平洋鐵路（Union Pacific Railroad）等三家公司，它們準備建造第一條橫跨北美大陸的鐵路。可是，這條鐵路累計投資額高達 46 億美元，相當於消耗當年 40％ 的美國經濟產出，鐵路公司肯定支撐不了這麼龐大的費用。怎麼辦呢？

當時正好趕上資本主義革命浪潮席捲歐洲。為了尋求更穩定的投資環境，歐洲的投資者開始把視線轉向美國，鐵路工程正好給他們提供了投資機會。

歐洲投資人最關心的，便是鐵路公司有沒有讓他們賺錢，為此他們要求鐵路公司定期公布利潤資訊，在這之前，美國公司從來不對外提供財務資訊。從此之後，其他企業的投資人也紛紛效法。這條橫跨大陸的鐵路工程，可以說改變了整個財務訊息公布規則。

在計算鐵路公司利潤的時候，有個必須考慮的特殊情況，即這些企業的固定資產特別多，像火車、鐵軌等。日復一日的運輸貨物，則會導致火車和鐵軌嚴重耗損，逐漸失去運輸能力。

前文講過，未來能給企業帶來收益的才是資產，而固定資產損耗的部分，顯然無法繼續產生收益，這部分就不再是鐵路公司的資產，而是支出，應該從當期利潤中扣除，否則便會高估鐵路公司未來的運力。

例如某鐵路公司，未來實際上只會剩下 50％ 的運力，但財務報表上卻無法看出這一點，投資者看到的仍然是 100％ 的運力。而未來的實際利潤，將肯定會低於投資者的預期，那鐵路公司未來的日子就不會好過了。因此，鐵路公司的會計師們認為，必須想辦法在利潤的計算中反映出這部分耗損。

沒有人反對這個想法，但工程師只能算出火車和鐵軌可以使用多少年，卻無法得知運輸過程中的耗損具體是何時發生的。那這種耗損對應的款項，應該從今天扣除，還是從下個月扣除呢？這時，會計師們就使用了「近似的正確好過精確的錯誤」的想法：假設每天的損耗都是一樣的，預估火車的使用年限，再用火車的價格除以預計使用天數，得出每天的折舊費用。

雖然火車每天實際上搭載的貨物不同，行駛的路段路況也不同，耗損肯定不會一樣。但用一種合理的方法，近似正確的估計損耗，總比完全不考慮這個問題，更貼近真實的經營情況。

可以說，直到鐵路時代，會計師們才開始認真考慮折舊問題。自此，便產生了損益表上另一個重要的會計科目——固定資產折舊。

劃重點

如何看待利潤？

衡量企業的價值創造能力，應該看「經濟利潤」，而非「會計利潤」。

評估企業盈利水準時，不僅需要考慮顯性成本，也需要考慮隱性成本（即投入資金的使用成本）。

當我們在計算利潤和其他財務指標時，近似的正確好過精確的錯誤。

07 ｜ 一次性獲利不難，難的是持續

　　無論是經濟利潤還是會計利潤，關注的問題都是利潤大小。但這只是觀察利潤的一個角度，也是一般人會看的角度。財務高手是怎麼觀察利潤的呢？他們會考察另一個重要的維度：利潤的可持續性。

　　企業能不能持續盈利，從投資角度來說非常重要。因為投資人在投資一家企業的時候，投資的不是它的過去、現在，而是它的未來。雖然利潤的大小，將決定一家企業在短時間內能達到的高度，但**真正決定它有沒有未來的，是利潤的可持續性。**

　　不過想讓利潤長期穩定成長，是一件非常困難的事情。根據萬得資料庫的資料，在 2000 年中所有 A 股上市公司中，有 41.5％ 的企業能保持一年的淨利潤成長、只有 13.7％ 的企業能保持連續三年淨利潤成長，而能保持十年以上淨利潤連續成長的企業，只占了 1.1％。由此可見，**可持續獲利的能力是多麼難能可貴。**

　　只有知道如何判斷一家企業的利潤是否具有可持續性，才算全面了解了「利潤」這個概念。

利潤可持續性的意義

假設有兩家生產牙膏的公司。第一家企業辛辛苦苦的賣牙膏賺了 700 萬元，又靠投資賺了 300 萬元；第二家企業則非常擅長投資，僅靠投資就賺了 1,200 萬元，但是牙膏賣得很不好，不但沒賺錢，還虧了 200 萬元。將投資和賣牙膏的收益加起來，這兩家企業都賺了 1,000 萬元，你會選擇買哪家企業的股票呢？

有些人可能會猶豫，畢竟這兩家企業看起來各有所長，一家擅長賣牙膏，一家擅長做投資。但是財務高手會告訴你，應該選擇第一家企業。

第二家企業其實有個原型，就是曾經的中國牙膏第一股，柳州兩面針股份有限公司（簡稱「兩面針」）。兩面針當年是非常厲害的一家企業，它曾經研發出中國第一支中藥牙膏，和中華牙膏、黑妹牙膏併稱為中國國產牙膏的「三大金剛」。

兩面針首次公開的發行股票招股說明書顯示：2002 年，兩面針一共賣了 5 億支牙膏，市占率達 16.3%。兩面針牙膏還獲得了「中國名牌產品」稱號（按：中國名牌產品是中國國家質檢總局自 2001 年開始使用的優質商品標籤，每年舉辦一次產品評選，獲選的品牌可在產品及其包裝、廣告宣傳等展示使用中國名牌產品標誌）。

兩面針剛起步時勢頭很猛，市場影響力也非常大，可惜好景不長。2006 年前後，佳潔士（Crest）、高露潔（Colgate）等國外品牌開始強攻中國市場。加上自身管理老化的因素，其牙膏銷量開始大幅下滑。

　　當產品銷量下滑時，企業通常會加強行銷或者研發新產品。但兩面針不但沒有重視牙膏銷量下滑的問題，反而開始涉足其他產業，同時大量買入其他企業的股票。它們當時的財務邏輯是：想辦法在其他行業賺錢，以用來補足牙膏主業的虧損。

　　這個策略成功了嗎？兩面針的運氣還是很不錯的，成功參股（持有一定數量的股票）中信證券，在其股票上賺了一大筆錢。

　　兩面針 2016 年年報顯示，公司透過賣出 1,162 萬股中信證券的股票，當年賺了 1.57 億元。此外，它還從中信證券、廣西北部灣銀行、柳州銀行等企業的股票中拿到近 4,000 萬元的分紅。那它們在牙膏、日化產品（按：中國對日用化學工業產品的簡稱）這些主營業務上賺了多少錢呢？

　　2016 年，兩面針的主營業務利潤是 -2,111 萬元，也就是說，它在主營業務是虧損的。2016 年，兩面針只賣了 1.4 億支牙膏，還不到 2002 年 5 億支銷量的 30%。以前在大型超市銷售的兩面針牙膏，如今卻主要出現在廉價旅館的一次性衛浴用品中。

　　如果我們只關注兩面針的總體利潤，可能會以為它經營得很好，但是仔細看它的利潤結構就會發現，兩面針的主業已開始出現疲態，企業是靠投資這個副業來支撐其利潤。

　　有的人可能會說，兩面針畢竟有賺錢，這種方式難道有什麼問題嗎？當然有！等兩面針把手上的中信證券股票都賣完之後，要怎麼辦？

　　蘇寧易購就碰到了這樣的窘境。2019 年之前，蘇寧透過販賣手中的阿里巴巴股票，一度保持不錯的業績。然而，它們卻在2019 年上半年業績預告中公布，由於賣完了所持的阿里巴巴股

票，其利潤預計將下滑 61.69％～65.02％。

　　靠炒股帶來的利潤，看起來似乎和主營業務創造的利潤沒有差別，但實際上，這種利潤是不可持續的。

利潤可持續性對投資的影響

　　做一次事不難，難的是持續做下去。

　　巴菲特為什麼被譽為「股神」？因為他能獲得超高的投資收益嗎？事實上，他的年化收益率（投資一年的實際收益率）還不如很多小基金經理。但是，只有巴菲特能做到連續多年超過大盤，哪怕是在大環境非常糟糕的時候。

　　為什麼我們公認梅西是足球明星？是因為他某一場比賽踢得特別好嗎？事實上，一個喜歡踢球的中學生，可能能在一場比賽中比梅西踢進更多球。但是，只有梅西能持續在國際足球比賽中進球。

　　經營企業也一樣，企業獲利一次不難，難的是保持長期盈利和成長。

　　判斷企業利潤是否具有可持續性，對投資者來說也很重要。事實上，如果使用利潤可持續性作為選股標準，甚至是能夠從中賺錢的。

　　史蒂芬・彭曼（Stephen H. Penman）和張曉軍兩位會計學教授，就曾經研究過這個主題（見右頁圖1-2）。他們把美國上市公司按照其盈利的可持續性水準分成 10 組，買入水準最高那組的公司股票，同時做空水準最低的那組。結果，在 1979 至

1999 年這二十一年間，其中二十年他們都賺到了錢，而且大多數年份的投資報酬率都超過 10%。

圖1-2　基於盈利持續性水準的投資組合收益率

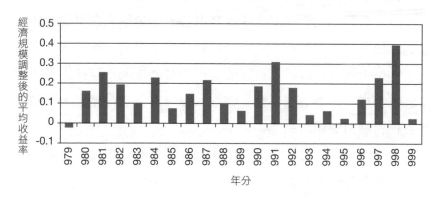

市場裡並不都是財務高手，大部分人其實不明白利潤可持續性的重要性。所以，你只要比別人多具備一點財務思維，把相關資訊看得更清楚一點，就能賺到錢。

持續經營的重要性

持續經營的重要性，在財務領域的各方面都能找到實例。

以企業估值為例，無論用哪種估值方法，都有一個共同的基本假設，就是企業是一個可以「持續經營」的實體，都假設這間企業能夠業績長青。因此，一家企業的價值由兩部分組成：短期業績和長期可持續成長能力。在短期業績同等的條件下，長期可持續成長能力越強的企業，估值將會更高。

清朝的陳澹然在《寤言二·遷都建藩議》中有這樣一句名言：「不謀萬世者，不足謀一時。」但從長遠的角度考慮問題，其實是一件知易行難的事情。大部分人在做決策時，都會陷入短視近利的思維盲點，往往只顧眼前的收穫和滿足感。

這一點對我們的日常生活也有影響，不少學生在畢業季找工作的時候，往往會更在意哪家公司給的薪水更高，卻較少考慮這份工作是否為自己提供了良好的成長和發展空間；有些人則非常喜歡吃蛋糕、冰淇淋等甜食，往往只在意當下吃得開心，不顧這些食物對身體健康的長遠影響。

企業如果在經營決策中也出現急功近利的短視行為，造成的後果可能不僅是財務上的損失，而是要付出生命的代價。

矽谷「創投教父」彼得·提爾（Peter Thiel）說過：「如果你把短期成長看成重中之重，就會錯過最重要的問題——十年之後，你的公司還能存在嗎？」

舉個血淋淋的例子，波音公司（Boeing）是世界上最大的飛機製造商之一，它一向有著創新的傳統，長期堅持投資新技術的研發。然而 1997 年兼併麥道飛機公司（McDonnell Douglas）後，波音開始追逐短期利潤。時任 CEO 的菲利普·康迪特（Philip Condit）曾公開表示：「波音的首要任務，已不是製造領先同業的新型飛機了。如今我們的主要任務，是努力創造一個以穩定股價為基礎的發展環境。」他還在波音內部實施了一項「股價信託計畫」，此計畫直接將員工獎金與公司股價掛勾。如果股價在未來四年內成長超過 3％，大量員工就可以獲得額外的獎金。

為了提升短期利潤，刺激股價，波音開始大量縮減研發支出，並在生產過程中發起一項新的變革——產業鏈外包。在波音787客機的製造過程中，外包比例更是高達70％，波音自己只負責其中的一小部分零件製造，以及最後的組裝工作。

外包是一把雙刃劍，大規模的生產外包雖然幫波音有效控制了成本，卻讓它逐漸失去了對核心能力的掌控。2011年，波音最大的客戶之一，美國航空（American Airlines）準備跟其最主要的競爭對手——空中巴士（Airbus）簽署訂單。為了挽回客戶，波音中止了新客機的研發，決定升級1960年代就研發出來的暢銷機型737。波音的工程師加速趕工，只花了三個月就完成這款名為737 MAX的飛機設計方案。

結果，737 MAX在正式交貨後，由於其設計存在缺陷，先後造成了兩場大型空難，合計共346人罹難。最後，737 MAX客機在全球停飛。這兩起空難，從某種程度上，可說是波音自己急功近利、追求短期績效的「苦果」。

如何判斷企業的持續盈利能力

如何判斷一家企業的利潤有多少是可持續的呢？這裡有一個常用的分析工具。

下頁表1-6中的框架由兩個維度（主次要和經常性）和四個格子組成。我們需要做的，就是把企業利潤拆解，分別放到這四個格子裡。其中，我們最關注的是左上角的格子，即主要的、經常性的利潤。

表1-6　盈利能力分析框架

	經常性的	非經常性的
主要的利潤	核心產品的銷售利潤	停產產品的銷售利潤
次要的利潤	閒置資金產生的利息收入	火災保險理賠款

以耐吉為例，對它們來說，主要的、經常性的利潤就是由主打商品獲得的利潤，例如運動鞋和運動服飾，這部分也是投資人最關心的利潤。而主要的、非經常性的利潤，就是偶爾才會推出的限量款產品，以及跟設計師聯名的產品等，這些利潤並不是經常性的。

耐吉賺了錢就會得到一些現金，而當他們把這些現金存在銀行，得到的利息就是次要的、經常性的利潤。還有一些極端情況，例如有一天工廠失火了，耐吉最後獲得保險公司的理賠金，這筆收入就是次要的、非經常性的利潤，而這部分利潤也是投資人最不在意的。

如果你想投資一家企業的股票，可以先把它的利潤拆分，放進這個表格裡，再來判斷它的可持續盈利能力。

盈利能力分析框架，可以幫我們剔除副業對企業盈利能力的影響。但如果兩家企業都比較專心於其主營業務，而且在過去幾年內，主營業務表現得都不錯，持續產生利潤，那麼該如何判斷這兩家企業的主營業務，在未來若干年利潤的可持續性呢？

可以觀察兩個核心因素：

1. 市場需求：其主營業務所滿足的需求，預計在未來會增加、持平，還是下降？

2. 商業模式：企業的主營業務，是以銷售商品或專案為主，還是透過提供服務持續產生收入？

此處舉個例子，來分析這兩個核心因素要怎麼應用。

假設有兩家房地產企業，一家以銷售住宅為主，透過房屋買賣獲得利潤；另一家以營運商業性房地產為主，透過出租給開發商獲得利潤。如果在三十年前，這兩家企業面臨的市場需求都將長期上升，它們的利潤均是可持續的。在這種情況下，從獲利角度看來，住宅房地產企業遠遠超過商業房地產企業。

但隨著住宅市場的逐漸成熟，都市化程度不斷上升，人口高齡化不斷加劇，住宅房地產企業不敢購地，沒有新的開發案，後續利潤就不見得可持續了。而商業房地產企業仍然可以透過出租給開發商，獲取長期的租金回報，只要整體經濟持續成長，承租的開發商沒有出現什麼問題，商業房地產企業的利潤就會是可持續的。

所以，市場需求是影響企業利潤是否長期可持續的主要因素。在一個衰退的市場，任何企業都會遭遇經營困難，它們勢必要尋找自己的第二成長曲線。商業模式則是影響企業利潤能否可持續的次要因素。透過提供服務獲取收入和利潤的企業，通常比銷售產品和專案的企業穩定得多。

劃重點

分析利潤時重點關注哪些維度？

除了觀察利潤大小，還要思考利潤的可持續性。利潤可持續性高的企業更具有投資價值。

可以使用盈利能力分析框架來判斷一家企業的利潤可持續性。

08 | 公司破產，不是因為
沒賺錢，是戶頭沒錢

　　理解了資產負債表和損益表的核心內容後，我們來看看第三張財務報表，現金流量表。

　　關心利潤，基本上就是關心企業的未來。但利潤無法回答一個問題，那就是**企業當下的生死存亡**，而現金流量表關注的正是這個問題。

　　有研究發現，在 1990 年代，每四家破產的美國企業中，就有三家是盈利的，只有一家虧損——是的，盈利的公司也會破產。

　　而事實上，會計學界最早的觀察研究之一，就是關於如何應用財務資料預測企業未來的破產機率。在這篇題目為〈用財務比率預測失敗〉（*Financial Ratios as Predictors of Faliure*）的論文中，會計學泰斗威廉・比佛（William Beaver）教授發現，在預測企業破產風險時，現金持有水準是所有財務特徵中最重要的一項指標。

　　可以這麼說，**企業破產，並不是因為沒有利潤，而是因為沒有現金了。**

為什麼盈利的公司會破產

只要理解利潤和現金之間的關係，你就能明白為什麼盈利的企業也會破產了。

利潤和現金之間會產生這種錯位關係，可以認為是會計惹的禍。因為依會計準則規定，只要簽了合約，也已經提供了服務或商品，就可以記錄對應的收入和利潤。但現金卻得等到對方真正付款時才能被記錄。

實例思考

以前文介紹過的，第一條橫跨北美大陸的鐵路工程為例。鐵路公司剛開始經營時，客戶都是貨到即付款。慢慢的，隨著合作越來越多，有些客戶就要求延期支付運費。例如上個月有客戶運了一大批貨，運費是 2 萬元，運輸已經完成了，但是運費卻還沒付給鐵路公司。

假設運輸成本是 5,000 元，這時鐵路公司的帳面利潤便會增加 1.5 萬元。可是現金在哪呢？鐵路公司沒收到一分錢，因此其現金持有量並沒有任何增加。

如此一來，利潤中就會包括一部分沒有真正拿到手的現金。假設這時鐵路公司有1萬元的銀行貸款快到期了，它的帳面上卻沒有任何現金，那它就會面臨破產，因為銀行只接受現金償還貸款，並不會管公司是否有利潤。

會計準則之所以這麼規定，是為了滿足收入和成本之間的配比原則（matching principle），也就是說，既然鐵路公司已經完成了運輸服務，相關的成本也已經產生，就應該配比這次運輸的收入和利潤，即使這時候錢還沒有到帳。

配比原則是非常重要的一種財務思維，甚至可以說是財務人員紮根在腦子裡的概念，它無處不在。

例如前文提到的，不同行業的兩家企業的財務報表不能被放在一起比較，這就是行業和企業財務特徵之間的配比。在下一章將會提及，投資專案和資金來源之間需要有「期限」和「風險」的雙維度配比。

為什麼要強調配比原則呢？不妨反過來想，如果不使用配比原則，而是等實際收到現金再記錄利潤，將會出現什麼問題。

假設客戶半年後才將運費付給鐵路公司，那麼在這半年裡，公司的帳上看不到這筆業務產生的收益，CEO 看起來就像什麼事情都沒做，自然就拿不到任何獎金。這肯定不公平，因為這不能準確的反映鐵路公司一段時期內的經營情況。

投資人也不喜歡這種方式。假設鐵路公司在一個專案完成之後引進了幾個新的投資人，如果要等目前專案服務的客戶實際付款之後才記錄利潤，那麼新進的投資人也能享受到這個專案所帶來的收益。這樣做老投資人肯定不樂意，明明這個項目實際發生時，新投資人還沒給公司投資，他們憑什麼分得收益呢？

所以，會計制度為了強調付出的努力和獲得的成果配比，就遵循了配比原則。

使用配比原則的一個後果，就是利潤和現金會在一段時間內

產生錯位。而這也是會計制度的其中一個局限。

公司持有多少現金才合適

既然現金是企業的安身立命之本，那現金越多，企業就越好嗎？財務上用來衡量現金持有水準的一項常用指標叫「現金比率」，它的計算公式如下：

現金比率＝貨幣資金／流動負債

根據萬得資料庫的資料，2018 年中國 A 股上市公司（已剔除金融業）的現金比率平均是 30.6％，意思是，如果一年內要償還的債務是 100 元，企業一般只會保留 30.6 元現金，而不是我們想像的 100 元，或比那還要多的數目。

不過，這只是平均水準。研究發現，如果一家企業的財務負責人具有註冊的會計師資格，那麼，這家企業的現金持有量就會明顯高於其他企業。由此可見，會計出身的人確實會更加謹慎。

全球上市公司中，誰持有的現金最多呢？

答案是蘋果公司。其年報顯示，**在 2017 年底，蘋果公司持有 2,851 億美元現金，比整個德國外匯儲備還多。**可是蘋果公司因為擁有大量現金，遭受很多批評。一些投資人就公開批評過蘋果公司的 CEO 提姆・庫克（Tim Cook）：「擁有兩千多億美元的現金，而不去使用它，根本是一種犯罪行為。」

為什麼這麼說呢？學者們認為，企業持有過多的現金，其實

在向外部傳遞三個危險信號：

1. 說明企業沒有好的投資機會，有錢沒處花，只能放在銀行賺取利息。這是效率最低的一種現金使用方式。

2. 說明企業融資困難或其成本很高。有研究發現，小企業和信譽差的企業現金持有比例往往更高。因為小企業相較之下更難獲得銀行貸款，而且有更高的貸款利息。這就好比一個人只有在申請不到信用卡的時候，才會特別依賴現金。

3. 過多的現金容易導致企業亂花錢。這一點都不難理解，如果你的錢包裡有很多現金，你就會想著怎麼「買買買」，但如果錢包裡只有幾塊錢，你就不會總想著怎麼花它們了。

所以，企業持有的現金並不是越多越好。

中國上市公司的平均現金比率是 30.6％，那麼另外 69.4％的債務要怎麼還呢？企業持有現金的主要目的，是為了有足夠的錢償還短期債務。短期債務指的是要一年內償還，而不是明天馬上就要還的債務。企業的資產裡除了現金，還有存貨和應收帳款等，這些都可以快速變現，並用來還債。

企業的財務戰略矩陣

把前文講的「經濟利潤」和「現金」這兩項財務指標聯繫起來，就可以形成企業的財務戰略矩陣。

企業和人一樣，會經歷出生、成長、成熟、衰亡的生命週

期。當我們把財務戰略矩陣和生命週期理論結合時,就可以把每家企業歸納到圖 1-3 的四個象限中,然後制定相應的財務戰略了──企業應該採用什麼方式籌集資金?又應該如何有效管理和使用這些資金呢?

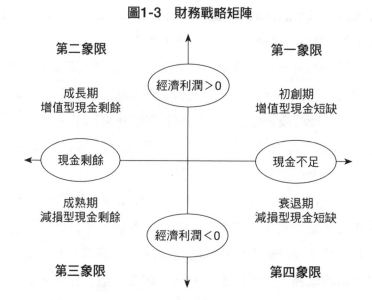

圖1-3 財務戰略矩陣

1. 第一象限:初創期,增值型現金短缺

位於第一象限的企業,通常是新創企業。這類企業的財務特點可以被歸類為「增值型現金短缺」,企業的主營業務規畫是可靠的,能夠為企業創造正經濟利潤,但是企業的自有資金不足以支援業務的快速成長。在這種情況下,業務成長得越快,現金短缺往往越嚴重。

　　這個現象在網路相關企業非常明顯，而這主要是其背後的商業邏輯決定的，業務初創期企業暫時不考慮盈利，而是透過大量補貼和優惠獲取用戶，擴大市場占有率。比如說，當年美團網進軍網約車市場時（按：網路預約出租汽車，簡稱網約車，類似於臺灣的Uber或線上預約計程車等服務），為了在上海市場立足，曾推出「用戶前三次訂單，可直接減免14元」、「註冊司機享三個月內0抽成」等優惠。

　　這樣做確實有助於市場占比的快速成長，然而企業每天都在用現金補貼使用者，隨著規模擴大，其現金短缺問題會越來越嚴重。因此，這個階段的企業常見的財務戰略選擇是：在融資戰略上，主要依靠外部融資支撐業務的快速發展；分配戰略上，則盡可能把錢留存在企業內部，以滿足業務擴張和投資的需求，而不做任何分配。

2. 第二象限：成長期，增值型現金剩餘

　　位於第二象限的企業，通常是處在青壯年時期的成長型企業，比如那些剛上市的企業。這些企業的財務特點可以被歸類為「增值型現金剩餘」，其主營業務能夠為企業創造正經濟利潤。同時，企業現金除了滿足自身發展需求外，還有剩餘。這是四個象限中最好的一種狀況，企業應該盡量維持並努力延續。由於企業在創造價值，加速成長將可以增加股東財富，這時企業的首選戰略便是將剩餘現金用於此目標。

　　加速成長有兩條路徑：第一條是內部投資，例如投入研發，並推出新產品；第二條則是向外部投資或者併購相關業務。相較

之下，前者通常週期長、效果也慢，後者則更像是吃速食，能幫助企業在短期內快速成長。上市企業在資本市場短期業績的壓力下，大多更願意選擇後者。這就是為什麼企業在完成上市融資之後，通常會進行大量的外部投資和併購。

當然，企業不是一直都有好的投資機會的。如果加速成長之後仍有剩餘現金，但又找不到進一步投資的機會，企業就應該把剩餘的錢藉由分紅或者回購股份的方式還給股東。

3. 第三象限：成熟期，減損型現金剩餘

位於第三象限的企業，就像人到中年，開始有些力不從心。這類企業的財務特點則可以被歸類為「減損型現金剩餘」，也就是主營業務雖然仍能產生足夠的現金流量，以維持自身發展，但業務的成長沒有創造正的經濟利潤，反而降低企業的價值。這便是企業處於衰退期的前兆。

在這種情況下，企業首先應想辦法透過擴大市場占有率、提高價格，或控制成本等方式來提高會計利潤。前文提過，經濟利潤等於會計利潤減去資金成本。如果會計利潤短期內提升無望，企業可以想辦法調整資本結構，降低資金成本，從而提升經濟利潤。如果這些都做不到，企業仍不能獲得正的經濟利潤，那就應開始考慮出售業務。

4. 第四象限：衰退期，減損型現金短缺

第四象限是最糟糕的情況，位於這個象限的企業就如同進入暮年的老人，已明顯處於衰退期。這類企業的財務特點可以被歸

類為「減損型現金短缺」，企業業務老化，不能再繼續為企業創造價值，而企業又面臨現金短缺的問題。

在這種情況下，企業的財務戰略有兩種：如果有能力扭轉價值減損的局面，可以選擇重組；否則，就應該選擇出售這塊業務，以減少損失。

劃重點

如何看待現金？

企業靠利潤發展，但靠現金流生存。

現金並非越多越好。現金持有水準取決於「風險預防」和「資金使用效率」這兩個因素之間的平衡。「現金」和「經濟利潤」都會影響企業的財務戰略。

好公司關注經營活動現金流

觀察現金時，除了看企業持有多少現金，財務高手還會從一個重要角度——現金結構。

現金流結構

在現金流量表裡，現金會被分成三類：經營活動現金流、籌資活動現金流、投資活動現金流，這三類現金流的比例就是其現金結構。經營活動現金流是企業透過經營、銷售等活動所產生的現金流。如果把企業內流動的現金想像成人體內流動的血液，經營活動現金流就好比企業自我「**造血**」。

籌資活動現金流，則主要和企業的融資活動有關，相當於外部在給企業「**輸血**」。例如當企業獲得了一筆銀行貸款，籌資活動現金流就會相應增加。不過，當之後企業定期支付利息，或者償還本金時，這部分現金中又會有一部分流出企業。

最後，企業投資產生的現金支出，會被歸類到投資活動現金流裡，這相當於企業在「**放血**」。

這三類現金流中，哪一類最重要呢？

經營活動現金流是最重要的，它反映的是一家企業自我累積、供給資金的能力。

前文講過鐵路公司的財務配比問題，當運輸完成後，鐵路公司的利潤增加，但由於客戶還沒有真正付款，公司的現金流是沒有任何增加的。一段時間後，如果客戶給鐵路公司付了款，那麼鐵路公司的現金就會相應增加，現金和利潤終於一致了。

但如果客戶不守信用，鐵路公司遲遲收不到現金，那這筆業務所產生的現金和利潤間的差異，就會存在很長一段時間，可以說這筆業務利潤的含金量非常低。

財務分析中，會使用經營活動現金流和利潤比值來衡量利潤的含金量，其比值越高，利潤品質就越高。

現金流狀態和經營特徵配比的重要性

保持一定程度的經營活動現金流固然重要，但是我們反過來想，如果經營活動現金流為負，是不是意味著企業沒有造血能力，肯定就快要破產了呢？

如果關注中國這幾年的 IPO（Initial Public Offering，首次公開發行）審核，你會發現獲准上市的企業，特別是在創業板和科創板上市的企業中，有一些企業連續幾年經營活動現金流都是負數。比如前文提過的科藍軟體，其於 2017 年在創業板上市，然而在上市前三年，它的經營活動現金流持續為負，在 2015 年更是達到 -1.01 億元。

又如首批在科創板上市的企業之一，寧波容百新能源科技股

份有限公司（簡稱「容百科技」）。這家企業主要從事鋰電池正極材料及其前體（按：在化學領域，前體是一種可以參與化學反應的化學物質，其反應結果是生成另一種化學物質）的研發、生產和銷售。其招股說明書顯示，從 2016 至 2018 年，容百科技的經營活動現金流分別為 −6,287.96 萬元、−63,766.65 萬元，和 −54,282.14 萬元。

表1-7　容百科技2016—2018年現金流量分析

單位：萬元

項目	2018 年度	2017 年度	2016 年度
經營活動產生的現金流量淨額	−54,282.14	−63,766.65	−6,287.96
投資活動產生的現金流量淨額	−86,959.27	−31,007.44	−12,756.99
籌資活動產生的現金流量淨額	142,826.72	100,348.06	16,468.5
現金及現金等價物淨增加額	1,469.92	5,755.55	−2,319.4

資料來源：容百科技首次公開發行招股說明書。

為什麼經營活動現金流持續為負的企業也能上市？難道IPO的審核標準放鬆了嗎？其實並不是。

主要原因是，相關機構在評估申報企業——特別是申請在創業板和科創板上市的企業——的財務狀況時，不僅關注現金流的正負和金額大小，也會考慮企業的財務狀況，包括現金情況，與其所處的發展階段、經營特徵之間的配比程度。

由於這些都是科技創新型企業，相關機構和投資者更加關注

的是這些企業未來的持續成長能力，以及在申請上市時是否如實公布符合其經營情況的財務資料。用硬性的財務指標，例如現金流和利潤大小等，作為唯一的考核標準，顯然是不合適的。

　　注意，我再一次用了「配比」這個詞，可見配比在財務中是多麼重要的一個概念。

　　繼續以容百科技為例。雖然這家企業上市前三年的經營活動現金流都是負的，但其業務發展勢頭很猛，收入持續上漲。根據該公司招股說明書的資訊，2017 年和 2018 年，其主營業務收入同比增幅分別為 111.83％ 和 60.33％。從 2016 至 2018 年，容百科技主營業務收入占營業收入的比重基本上都在 99％ 左右，在表 1-8 可以看出，這是一家非常專注其主要業務的企業。

表1-8　容百科技2016—2018年營業收入分析

單位：萬元

項目	2018 年度		2017 年度		2016 年度	
	金額	占比	金額	占比	金額	占比
主營業務收入	299,207.42	98.38%	186,618.59	99.33%	88,098.96	99.53%
其他業務收入	4,918.58	1.62%	1,254.07	0.67%	420.27	0.47%
合計	304,126.01	100.00%	187,872.66	100.00%	88,519.23	100.00%

資料來源：容百科技首次公開募股招股說明書。

　　為什麼容百科技每年的收入越來越多，現金卻越來越少？這符合它的經營特徵嗎？

　　前文提過，賒銷會造成銷售收入和現金之間的差異。當我們

參考容百科技的客戶資訊時會發現，主要都是各地大規模的動力電池廠商，而且客戶集中度非常高。根據該公司招股說明書的資訊，從 2016 至 2018 年，公司前五大客戶銷售金額，占當期營業收入的比例分別為 60.40％、61.28％ 和 52.79％。

當客戶是行業中的龍頭企業，銷售集中度又高的時候，容百科技的談判能力便會相對弱勢，收入中的賒銷比例也會較高，而這反映在財務報表中高額的應收帳款。同時客戶也可能會要求較長的付款週期，如此一來公司當期收到的現金就會減少。

事實上，根據容百科技招股說明書，截至 2016 年年末、2017 年年末，和 2018 年年末，容百科技的應收帳款餘額分別為 33,236.11 萬元、80,619.21 萬元和 114,543.61 萬元，占當期營業收入的比例分別為 37.55％、42.91％，和 37.66％。容百科技在招股說明書裡也坦承：「隨著公司經營規模的擴大，應收帳款增幅較大，部分客戶應收帳款回收週期也較長。」

雪上加霜的是，容百科技的產品由於生產週期較長、生產流程複雜，為了配合業務的快速發展、滿足客戶的需求，企業就需要增加庫存。根據其招股說明書，容百科技在購買生產所需的原材料等方面的現金支出，從 2016 年的 38,056.51 萬元增加到 2018 年的 160,892.65 萬元。

當銷售收入中的大部分是應收帳款，企業又要支出大量現金以增加庫存時，顯然會給經營活動現金流造成很大的壓力。這也就能解釋，為什麼容百科技的收入越來越多，經營活動現金流卻越來越少，甚至出現負數了。

企業的財務資訊和其經營特徵之間的關係，是分析財務報表

時非常重要的思維方式。因為財務報表的目的雖然是呈現企業真實的經營狀況，但財務數據卻是可以被人為操縱的。在基於財務數據對企業做出任何判斷之前，都需要先確保其背後的商業邏輯合理，否則就可能存在造假嫌疑，或企業根本說一套、做一套。

容百科技的現金流狀況能夠被其經營模式解釋，因此，即使經營活動現金流是負數，也不代表容百科技是一家壞企業，僅說明這家企業的資金壓力不小。容百科技如果不能緩解現金壓力，還是有著很大風險的。

因此，財務高手在評價容百科技的現金情況時，還會進一步思考兩個問題。

第一個問題，是關於現在。如果容百科技自己產生的現金不能養活自己，那它就必須有能力透過外部融資，也就是輸血，把現金水準維持在一個安全區間內。容百科技做到了嗎？根據其招股說明書，自 2016 至 2018 年，公司分別獲得了 8,238.59 萬元、887.28 萬元和 25,356.35 萬元的借款，所以公司這三年的籌資活動現金流都是正的。另外，一旦成功上市，公司便可以馬上注入一大筆現金，這也有助於緩解容百科技的現金壓力。

第二個問題，則是關於未來。容百科技未來能有足夠的現金養活自己嗎？這個問題的答案取決於兩點：未來發展的速度有多快、以及未來能否收回客戶的欠款。大量資金被客戶占用，顯然不利於企業的長期發展。因此，應收帳款的管理能力，對容百科技來至關重要。容百科技在招股說明書中承諾：「公司將繼續改善客戶結構，縮短應收帳款的回收週期。」如果容百科技能夠兌現承諾，那麼其資金壓力將得到有效緩解；反之，其未來現金流

的壓力將會進一步增加。

現金結構和企業生命週期的關係

事實上，容百科技的現金狀態並不是個案。許多處於初創階段的企業，其現金結構都處於類似的狀況：經營活動和投資活動的現金流都是負的，只有融資活動的現金流是正的。

企業的現金結構，與其所處的生命週期階段有很大關係。如表 1-9 所示，在初創期，企業的經營活動現金流通常是負的。對於這些企業，我們不須對其負的經營活動現金流太過緊張，不過，我們仍需關注企業是否有融資能力。但這裡指的是一般情況。當企業面臨嚴峻的外部融資環境時，維持和增加經營活動現金流的能力就更加重要。

除此之外，還有一類企業的經營活動現金流通常是負的，這類企業就是處於衰退期的企業。它們的主營業務已岌岌可危，因而出現負的經營活動現金流，這時投資者就需要提高警覺了。

表1-9　現金流結構和企業生命週期

	初創期	擴張期	成熟期	衰退期
經營活動現金流	−	＋	＋	−
投資活動現金流	−	−	＋	＋
籌資活動現金流	＋	＋	−	−

OPM策略對現金流的影響

容百科技由於面對的客戶都是行業龍頭，因此其談判能力相較之下較弱，這導致企業現金流壓力很大。而相反的，那些龍頭企業由於能無償占用供應商的資金（即前文介紹的OPM策略），其經營活動現金流通常會非常充裕。

在財務領域中，人們經常用「現金循環週期」指標，來衡量一家企業的OPM策略是否成功。其計算公式如下：

現金循環週期＝應收帳款周轉天數＋存貨周轉天數－應付帳款周轉天數

應收帳款周轉天數和存貨周轉天數指的是企業回款的速度，而應付帳款周轉天數指的是企業付錢的速度。

企業現金轉化週期越短（說明企業「收錢越快，付錢越慢」，也就是從別人那裡拿錢的速度比給別人錢的速度快），其OPM策略就越成功，現金流的壓力就越小。

不過，OPM策略是一把雙面刃，過度使用也會給企業帶來極大的經營風險。美國REL諮詢公司和CFO雜誌在2001年發布的調查報告中就指出：企業使用OPM策略的能力，需要客戶和供應商的配合，特別是在經濟衰退期。企業必須能充分獲得供應商的信任，才能使用OPM策略以提升獲利能力。它們在2002年發布的調查報告更是以《改善鏈上關係》（*Working on the Chain*）為標題，指出客戶與供應商關係管理的重要性。

　　前文討論過國美和蘇寧的案例。這兩家企業雖然都使用了OPM 策略擴張，但國美在造就其連鎖帝國的過程中，由於沒有重視供應商關係管理，向供應商收取高額的進場費、廣告費等，逐漸與供應商的關係惡化。後來，西門子（Siemens）、索尼（Sony）等大廠開始與國美使用現金現貨交易，沒有得到同樣待遇的美的集團（Midea Group）、TCL 集團（TCL Technology）等大廠商和一些二、三線品牌的製造商，也開始向國美發難。與供應商緊張的關係，擴張帶來的資金壓力，以及國美前高層被捕，最終導致國美陷入被供應商擠兌（按：供應商要求企業付款）的被動局面。

　　相比之下，蘇寧更擅長維護與供應商的關係，它占用供應商的資金量相對較少，時間也較短。在快速擴張過程中，也沒有過度依賴供應商的資金。2008 至 2010 年，蘇寧在競爭對手國美仍苦苦掙扎在財務困境的泥淖中時，推行積極而穩健的財務策略，對自身超越國美做出不小的貢獻。

劃重點

　　分析現金時需要重點關注哪些角度？

　　除了觀察現金持有水準，還要觀察現金流結構。

　　現金流結構與企業的生命週期有關。對於初創階段的企業，應更關注其現金流的商業合理性。

　　縮短現金轉換週期，是增加現金流的有效方法。

10 | 報表裡的附注，
越小字的越重要

　　在前文中，我們討論的是三張財務報表的核心內容。但是，這三張表只是企業對外發布的財務報告裡的一部分。如果我們隨便找一家上市公司的財務報告來看，就會發現它們都非常厚，大多都超過一百頁。

　　三張報表只占了其中三頁，剩下的那麼多頁寫什麼了呢？其中非常重要的部分，就是這三張財務報表的附註。企業會解釋它是按照什麼規則編制的財務報表，這些規則就是其會計政策。

　　看合約的時候，**越是在細節處的附註和小字，就得越仔細的看，魔鬼都藏在細節裡**。財務報表也一樣，企業財務的許多祕密都藏在附註裡。所以，財務高手在分析財務報表之前，會先做一件事情，就是閱讀附註，特別是哪些會計政策選擇有發生變化。

變更會計政策可以增加利潤

　　為什麼這件事這麼重要？

　　假設你在一家上市公司工作，而這家公司已經連續虧損了兩年，如果今年繼續虧損，就可能面臨下市風險。企業即將就要對

外發布財務報表了，可財務人員算了半天帳，發現今年的利潤仍然是負數。老闆非常著急，便問大家有什麼辦法能一夕之間轉虧為盈。

有一種神奇的方法，那就是改變會計政策。

我還是以第一條橫跨北美大陸的鐵路為例，解釋這種神奇的方法。

鐵路公司有很多固定資產需要折舊。假設鐵路公司花 100 萬元買了一臺設備，預計能用五年。根據折舊常用的年限平均法（也叫直線法），每年的折舊費用是 20 萬元。但購買設備之後，第一年的業務並不好，實在沒法向投資人交代。怎麼做才能迅速增加利潤呢？

有一個方法就是延長折舊年限，把設備的預計使用年限從五年延長到十年，每年的折舊費用就變成 10 萬元，這樣一來，稅前利潤馬上就增加了 10 萬元。

這種改變會計政策的做法，讓實際經營狀況沒有任何變化的企業，瞬間改變了業績。

事實上，用這種方法調節利潤的企業並不在少數。

美國財務專家霍爾‧薛利（Howard M. Schilit）、傑洛米‧裴勒（Jeremy Perler），與尤尼‧恩格哈特（Yoni Engelhart）合著過一本書，叫《財務詭計》（*Financial Shenanigans*）。書中提到，改變長期資產折舊方法來增加利潤，是上市公司最常用的財務操縱方法之一。

本節開頭提到的那家快要被摘牌的上市公司，其實有很多原型，其中一家是鞍鋼股份。鞍鋼股份在 2011 年和 2012 年連續

兩年出現虧損，到了 2013 年，它的盈利壓力非常大，如果再出現虧損，就可能面臨下市風險。結果，在 2014 年 4 月時，鞍鋼股份宣布公司在 2013 年成功轉虧為盈，安全著陸。

事實上，那幾年的鋼鐵市場一直處於低迷的狀態中，鞍鋼股份之所以能轉虧為盈，並不是在業務上大幅改變，而是因為折舊政策變更發揮了巨大作用。在鞍鋼股份 2012 年發布，關於調整部分固定資產折舊年限的公告顯示，其將房屋、建築物等的折舊年限從三十年延長到四十年，機械設備、傳導設備的折舊年限則從十五年延長到十九年。

調整折舊期限後，鞍鋼股份 2013 年的淨利潤比 2012 年增加了 9 億元，達到 7.7 億元。曾靠改變折舊年限來調節利潤的，還有三鋼閩光、山東鋼鐵、富春環保、方太特鋼、河北鋼鐵、一汽轎車等企業。它們有一個共同點，就是都屬於重資產企業，固定資產都特別多。所以，當它們使用改變資產折舊政策來調節利潤時，效果特別明顯。

為何允許公司變更會計政策

既然明知道企業可能會利用會計政策的變更來操縱利潤，為什麼會計準則還要給企業鑽漏洞的機會呢？只允許企業使用一種會計政策不是更好嗎？

這就得回到會計政策制定者的初心了。起初允許企業選擇和改變會計政策的目的，不是給企業提供財務造假的機會，而是讓財務報表能夠抵抗企業經營過程中遭遇的外界環境變化，最大化

的反映企業努力的真實結果。

會計學中有一個非常著名的例子。美國早期的會計準則只允許企業在記錄存貨成本時使用「後進先出法」（Last-In，First-Out，簡稱LIFO）。

什麼是後進先出法？假設你代銷某個品牌的女裝，上個月賣出了 1,000 件衣服。為了計算利潤，你需要知道這些衣服對應的成本是多少。假設上個月你進了三批貨，每批貨的進貨時間、數量和價格如表 1-10 所示。這三批貨的東西是完全一樣的，但是上個月通貨膨脹非常厲害，進貨價格一個月內漲了好幾次。賣出去的衣服成本該怎麼計算呢？

表1-10　進貨日期、數量和價格

日期	購入數量（件）	價格（元）
1日	1,000	20
15日	400	30
28日	1,000	40

後進先出法顧名思義，就是把最後進的貨最先拿出來計算成本，也就是用 28 日進的那批貨計算成本：1,000 件×40元／件＝40,000 元。你可能覺得這種算法並不公平，因為通膨使上個月的材料價格嚴重高漲，如果用高漲後的成本計算利潤，利潤就會降低。

其實，這個例子背後是 1974 年在美國發生的真實情況。1973 年，美國爆發了第一次石油危機，加上美國政府在 1971 年

放寬了工資和價格管制，導致 1974 年出現了嚴重的通貨膨脹。

當時美國很多大企業，比如太陽石油公司（Sunoco Inc.）、德士古公司（Texaco）、柯達公司（Kodak）等都紛紛要求改變記錄存貨的會計政策，使用「先進先出法」（First-In，First-Out，簡稱 FIFO），這樣財務數據才能抵抗通貨膨脹的影響。會計準則考慮到此訴求的合理性，於是做出修訂，自此允許企業根據環境變化來選擇存貨政策。

那麼，如果使用先進先出法，會對企業有什麼影響呢？

先進先出，顧名思義，就像超市排隊結帳一樣，先排隊的人最先結帳，先買入的貨最先被拿出來算存貨成本。那麼，1,000件衣服對應的成本就是月初進的那批貨：1,000 件×20 元／件＝20,000 元。原材料成本持續上漲的時候，後進先出法會比先進先出法的成本高 2 萬元，相應的，企業的利潤就會少 2 萬元。

會計政策變更帶來的業績變化對投資人的影響顯然不小，那麼投資人會站在哪一邊呢？

芝加哥大學的希亞姆・桑德（Shyam Sunder）教授曾經研究了後進先出法和股價變動之間的關係。在論文〈存貨估值的會計變化對股價和風險的影響〉（*Stock Price and Risk Related to Accounting Changes in Inventory Valuation*）中，桑德教授發現，準備改用後進先出法的企業，股票的超額回報率會明顯上升。這說明市場站在企業這一邊，他不認為在通膨時期，企業改變存貨成本的會計政策是利潤操縱行為，而是認為後進先出法能更好的反映企業的真實經營業績。

如何判定會計政策變更是否合理

由此可見，投資者和監管部門最初之所以沒有特別在意企業更改會計政策，是因為其認為企業這樣做的出發點是良善的，是為了更準確的反映經營情況。但是，無論什麼政策，在執行過程中都可能走樣。

在這個新的會計政策發布後沒多久，美國的汽車巨頭克萊斯勒公司（Chrysler）就因為管理不善，出現嚴重的財務危機。克萊斯勒公司為了避免破產，就改變了會計政策，把原材料成本從後進先出法改為先進先出法。根據該公司1970年年報的資料估算，這個會計政策的改變，使它當年少虧損了2,000萬美元。其他企業自此也開始效仿這種做法。

為了防止企業利用會計政策變更來調整業績，中國現行會計準則便規定，一般情況下，企業採用的會計政策，在每一會計期間和前後各期應該保持一致，不得隨意變更。但是，在下述兩種情形下，企業可以變更會計政策。

1. 法律、行政法規或者國家的統一會計制度等要求變更。
例如中國財政部發布新的會計準則，並要求企業統一執行。
2. 看宏觀環境是否有巨大的變化。

（按：在臺灣所適用的國際會計準則第8號──會計政策、會計估計變動及錯誤，則規定企業僅於會計政策變動符合下列條件之一時，始應變更其會計政策：

1. 國際財務報導準則之規定。

2. 能使財務報表提供可靠且更攸關之資訊，以反映交易、其他事件或情況對企業財務狀況、財務績效或現金流量之影響。）

如前文所述，如果宏觀環境變化巨大，例如當通膨嚴重時，那麼為了反映真實經營情況，就有必要變更會計政策。

如果是因為會計準則或者宏觀環境發生變化，那麼受影響的應該是一眾企業，而不是一家企業。因此，如果某一家企業的會計政策和其他同行差異非常大，或者會計政策頻繁變化，就要特別警惕，並進一步了解其原因。

劃重點

如何看待報表附註？

在閱讀財務報表之前，需要關注財務報表的附註，包括重要的會計政策。

企業的管理層對本企業的會計政策有一定的選擇權。國家賦予其選擇權的初心是希望企業更真實的反映其經營業績。然而，一些企業會藉由會計政策來調節利潤，這是操縱業績的一種方式。

會計政策的關注重點是哪些政策發生了變更，以及與同行業其他企業的政策差異。

第二章

找錢：
開源靠融資，節流靠管理

11 | 融資關係：
債權人和股東的制衡之道

理解了財務報表及其背後反映的企業經營情況後，這一章我們來討論融資和管理的問題。

為什麼要把融資和管理這兩個看似不同的話題放在一起討論呢？因為這兩件事本質上都和「找錢」有關。只不過，融資是企業從外部找錢，管理是企業通過降本增效，從內部找錢。

企業從外部找錢主要有兩種方式：一種是債務融資，例如向銀行貸款，銀行就成了企業的債權人；另一種則是股權融資，就是從外部找投資人，而投資人就成了企業的股東。在財務報表中，這兩類資金分別記錄在資產負債表中的「負債」和「業主權益」部分。**債務資本與股權資本之間的構成及其比例關係，被稱為「資本結構」。**

前文中提過，2018 年中國 A 股上市公司（已剔除金融類企業）的平均資產負債率是約為 61％，也就是說，大部分企業的資本結構中既有債權也有股權。而作為出資方的股東、債權人，以及管理這些資金的管理層，便構成了企業的核心利益鐵三角。

學界關於公司治理面的研究，大部分關注的是股東和管理層之間的關係。雖然管理層受股東委託，理應經營好企業，為股東

創造價值，但管理層也可能會利用自己對企業的掌控力和資訊優勢做出損害股東利益的決定，例如用企業的錢購買私人飛機，投資低收益專案等。為了防範這樣的委託代理問題，企業會藉由各種治理方式，像設立董事會，或引入機構投資者等等，來監督和制約管理層的行為。

然而，類似的衝突不僅存在於股東和管理層之間，財務高手還會看到另外兩個層面的治理問題：股東和債權人之間的利益衝突，以及大股東和中小股東之間的利益衝突。這一節，我們先來討論股東和債權人之間的關係，大小股東之間的關係將在後文中討論。

債權人和股東之間的利益衝突

作為企業資金的提供者，債權人和股東的利益關係大致上一致，都希望企業賺更多的錢，創造更多的價值。這樣一來，債權人才可能收回貸款，股東也才能享受更高的投資收益。但在一些情況下，股東和債權人之間存在著利益衝突。

尤金・法瑪（Eugene Fama）和默頓・米勒（Merton Miller）兩位金融學教授在 1972 年出版的《金融理論》（*The Theory of Finance*）一書中，首次討論了股東侵害債權人利益的問題。他們認為：股東才是企業的所有權人，享有資產收益、重大決策等權利，而債權人是請求權人，只擁有按合約收取利息的權利。相較之下，債權人處在弱勢地位，因此他們會擔心股東在做投資決策時，只考慮把自己的利益最大化，而不考慮包括債權

人利益在內的企業整體利益。

伍利娜和陸正飛兩位會計學教授,曾經針對這個問題做過一項非常有意思的實驗。實驗的參與者是 185 位北京大學 EMBA（Executive Master of Business Administration,高階管理碩士）和 MBA（Master of Business Administration,企業管理碩士）的學生,他們本身就是企業高級主管,或至少曾有過管理經驗,受過足夠的財務訓練,也有豐富的投資實戰經驗。兩位會計學教授請每位學員扮演一家企業股東的角色,在假設企業盈利狀況良好和虧損這兩種情況下,對以下兩個投資項目做出決策。

第一個投資項目是:投資 20 億元,如果成功,兩年後可收回 190 億元;如果失敗,沒有任何回報,並損失初始投資的 20 億元,投資成功率為 10%。

第二個投資專案是:投資 20 億元,如果成功,兩年後可收回 24 億元;如果失敗,沒有任何回報,並損失初始投資的 20 億元,投資成功率為 90%。

第一個投資項目顯然是一個高風險項目,有 10% 的機率收回 190 億,減去原始的 20 萬投資額,可以淨賺 170 億元。但是,卻有 90% 的機率會虧 20 億元。

綜合兩種可能性,可計算出投資第一個項目的預期收益將會是負 1 億元,即 $10\% \times 170$ 億元 $+ 90\% \times (-20)$ 億元 $= -1$ 億元。

第二個則是一個低風險項目,有 90% 的機率收回 24 億元,也就是賺 4 億元,有 10% 的機率虧 20 億元。

綜合兩種可能性,可計算出投資第二個專案的預期收益是 1.6 億元,即 $90\% \times 4$ 億元 $+ 10\% \times (-20)$ 億元 $= 1.6$ 億元。

如果股東是基於企業價值最大化的目標做決策的話，顯然應該選擇第二個投資項目，並放棄第一個，也就是說在預期中，參加實驗的 185 名學生，都應該選擇第二個投資專案。

但實驗結果卻是這樣的：在假設資產負債率高（即債權人出資比例較高），同時企業盈利狀況良好的情況下，有 59 個人，也就是 32％ 的實驗參與者選擇第一個項目；而在假設企業虧損的情況下，竟然多達 96 個人，52％ 的實驗參與者都選擇第一個項目。

從這個實驗中，我們可以得出下面兩個結論。

第一，不是每個股東在做投資決策時，都是基於企業整體利益最大化的立場考慮問題的。

第二，當企業面臨財務困境時，股東的投資決策會更加激進，反而更願意投資高風險、高收益的專案。因為當企業面臨困境時，債權人比股東擁有優先清算權。股東本來就預期什麼都拿不到，如果專案投資失敗，情況對股東來說也不會變得更糟糕；相反的，如果投資成功，股東反而能分到一些錢，所以他們更願意放手一搏。

可債權人並不願意投資第一個項目，因為它的失敗機率太高了，只會進一步減少自己能收回的錢。

這個實驗結果印證了法瑪和米勒兩位教授的觀點。

但是，債權人的意願對投資決策有影響嗎？他們能強制股東不投資第一個項目嗎？其實很難。企業的投資決策，一般是由高級主管和董事會做出的，債權人並不直接參與。

而事實上，當借款契約生效，資金進入企業之後，債權人就

失去了對資金的直接控制權。債權人處於資訊劣勢，很難得知企業是如何使用這些錢的。這時候，股東就可能利用債權人的資訊劣勢，做出損害債權人利益的行為。好比說，股東可能不經過債權人的同意，擅自投資那些比債權人預期風險更高的新專案。再比如說，股東為了提高企業的利潤，可能會在沒有征得債權人同意的情況下，指使企業發行新債券，使舊債券的價值下降，令舊債權人蒙受損失。

羅納德・安德森（Ronald C. Anderson）等學者研究發現，在某一種情況下，這個問題不會顯得那麼嚴重，那就是家族企業。由於家族股東相對其他股東，更關注自家企業的長期生存能力和聲譽，他們更願意追求企業價值最大化，而不是自身價值最大化。

如何平衡債權人和股東的關係

那麼，有什麼方法能保護好債權人的利益呢？

一種方法是在借款契約中加強對債權人的保護。例如加入一些限制性條款，規定貸款的用途，使股東不能隨意把錢投給其他項目，藉此做到專款專用。

另一種方法是使用近幾年比較流行的、創新的金融工具——可轉換公司債券（convertible bond），簡稱「可轉債」。顧名思義，可轉債允許債權人按一定比例將債券轉換為公司普通股。這樣一來，在企業經營良好、股價穩定上升時，債權人就可以轉換為股東，享受企業業績收益。

根據萬得資料庫的資料，2018 年中國可轉債的發行總額是790 億元。眾信旅遊、寧波銀行、民生銀行等多家企業都有可轉債。這種可轉換的靈活性，能夠在一定程度上，緩解股東與債權人之間的利益衝突，讓兩者的目標更加一致。

劃重點

如何看待企業債務融資和股權融資之間的關係？

除了考慮資金成本之外，還需要考慮債權人和股東之間潛在的利益衝突。

債權人更關注企業業績的下限，而股東更關注企業業績的上限。

企業可以在借款合約中加強對債權人的保護，也可以發行可轉債來緩解債權人與股東之間的利益衝突。

12 短貸長投，
將引爆流動性危機

　　企業融資的其中一個主要目的，是投資新專案。假設迪士尼（Disney）要在海外新建一個主題遊樂園，需要 300 億元。這麼大的資金量，企業自有資金是無法滿足的，需要依靠外部融資。那麼，迪士尼的這個項目應該使用債務融資還是股權融資呢？如果選擇債務融資，例如向銀行貸款，那麼企業還會面臨一個選擇，就是應該使用短期貸款還是長期貸款。

　　有些人可能覺得這兩個問題很容易回答：哪種資金便宜就用哪種。這個想法沒錯，盡量用便宜的錢，是融資決策的一個重要原則。用財務的話說，就是盡量降低資金成本，這樣才能提升項目的投資收益。

　　但是，在財務高手看來，用「便宜的錢」並不是融資決策最重要的原則。

　　融資決策的第一原則是，融資方式和投資項目之間必須配比。這裡的配比包含兩個維度：一個是期限上的配比，另一個是風險上的配比。

融資方式和投資項目的期限配比

融資方式和投資項目配比的第一個維度，是期限上的配比。以債務融資為例。從時間的角度看，一般來說，短期貸款由於時間短，銀行要承擔的風險比較小，也便於監管，利率自然會比長期貸款低。由於短期貸款比長期貸款便宜，如果單純考慮資金成本，那麼所有企業都應該使用短期貸款。

但實際情況是這樣嗎？根據萬得資料庫資料統計，在 2018 年中國 A 股上市公司中，超過 50% 的企業都有長期貸款。明知道短期貸款便宜，為什麼大部分企業還是會選擇長期貸款呢？原因在於，短期貸款和長期專案之間的期限如果缺少配比，會大大升高企業的財務風險。

長期專案的現金流有一個特點：前幾年屬於投資期，現金流通常是負的；而到了後期，專案正常運轉了，才會開始產生比較多的正現金流。例如以上海迪士尼樂園這個長期專案的經驗來說，從修建、開業到收回成本大約需要十年。假如迪士尼為了節省一點利息費用，使用一、兩年的短期貸款，它就必須在一、兩年內把債務還清。而迪士尼的現金流在這一、兩年內可能都還是負的，或者正現金流很少，僅靠遊樂園這個專案本身，根本支撐不了貸款的利息和本金。

期限配比理論，最早由金融學教授詹姆斯·莫里斯（James Morris）在 1976 年提出。這個理論的核心觀點是：企業債務的期限要與資產的期限配比，即長期債務融資用於長期資產的投資，短期債務融資用於短期資產的投資。例如零售企業通常會為

年底的促銷活動額外備貨，進貨需要的資金就該用短期債務滿足。相反的，企業投資長期項目的資金，就應該使用長期債務。

短貸長投的風險

但在實際操作中，由於短期貸款相對便宜、好借，有很多企業把它用於長期項目，然後用「借新還舊」的方式周轉資金。

這就好比一個人月初借貸了 5,000 元，買了一臺新手機。這筆貸款月中就要還清，但是他月底才發薪水。在臨近月中時，這個人就想辦法再借一筆錢，用新借的錢把月初借的 5,000 元舊債還清，等月底發了薪水再還新的貸款，這就是「借新還舊」。

這種**把短期貸款用於長期專案投資的做法，在財務中被稱為「短貸長投」**。

有學者研究了 2004 至 2014 年的 A 股上市公司，發現約有四分之一的企業存在嚴重的短貸長投行為。

然而，**短貸長投是一種非常危險的財務運作方式**。有學者研究了其經濟後果，發現這種做法會對企業的業績產生明顯的負面效應。更為嚴重的是，當債務期限大幅短於投資期限時，投資的到期償債壓力會被放大，引發流動性危機（按：指流動性的枯竭，具體表現包括資產價格下降到其內在價值之下、金融機構外部融資條件惡化、金融市場參與者下降，或者金融資產交易困難等。在此處指的則是因企業周轉問題，而引發的資金鏈斷裂）。

實例思考

　　有一個典型的案例是三胞集團。這是一家從中國南京起家的零售企業。為了謀求更大的發展，該企業於 2016 年開始加速各個產業的資本運作，透過投資和併購活動進軍房地產、金融、健康醫療等產業。然而，這些投資中的大部分資金都源於貸款，而且都是一年期的短期貸款。但是三胞集團投資的那些產業，比如房地產、健康醫療等，都需要長期經營才能回本，這就造成了短貸長投的現象。

　　在宏觀經濟好的時候，借新還舊就相對容易，短貸長投的風險就容易被掩蓋。但是到了經濟不景氣、金融市場上的資金供給減少時，風險和隱患就會暴露。2018 年，在去槓桿化之下，貸款緊縮、還款加速，三胞集團一下子就陷入資金困境和流動性危機中。信用評等機構（中誠信證券評估有限公司）將三胞集團主體信用等級下修，以標示該企業的風險大幅增加。

　　所以，在財務高手眼中，融資決策的首要關注點，並不是資金是否便宜，而是資金和專案在期限上是否配比。短貸長投帶來的財務風險，遠遠大於使用短期貸款，節省利息費用帶來的那點收益。

融資方式和投資專案的風險配比

融資方式和投資專案配比的第二個維度，是風險上的配比，不同風險等級的專案，需要配比不同類型的資金。

一般來說，風險低、盈利有保障的專案可以多考慮使用債務融資，而沒有盈利保障、風險高的專案通常要靠股權融資。因為債權人在意的是收益的下限，也就是能不能還清本金和利息。還清之後，專案賺再多的錢，都和債權人沒關係了。而投資人更在意收益的上限，也就是最多能賺多少錢，因此，他們對風險的容忍程度要比債權人高上不少。

新創企業就是典型的例子，創業圈就流行這樣的一句話：99％的創業會失敗。銀行肯定不願意給這樣的專案貸款，絕大部分此種企業都只能依靠股權融資來發展。一群專門投資新創企業投資的機構，像私人股權投資機構、風險投資機構等（簡稱「風投機構」）等便應運而生。在中國知名的風投機構包括紅杉資本（Sequoia Capital）、高瓴資本、IDG 資本、經緯中國、深圳市創新投資集團等。這些機構專門尋找並投資未來發展潛力巨大的新創企業，並換取企業的部分股份。

這些機構為什麼被稱為風投機構呢？因為它們進行的投資活動背後的風險極高。如果新創企業失敗，一般而言，它是不需要把錢還給風投機構的，損失由風投機構自己承擔。當然，如果創業企業成為「獨角獸」（按：獨角獸指成立不到十年但估值 10 億美元以上，又未在股票市場上市的科技新創企業。風投專家艾琳·李〔Aileen Lee〕在一篇文章中以該詞彙形容

此類企業，而後風行於創業界。此類企業如 Airbnb、Palantir、Snapchat、Dropbox、Pinterest 等），成功上市，風投機構也會享受到巨大的收益，而且，成功專案的收益往往會超過其他失敗專案的損失總和。所以，風投機構的投資邏輯是：廣泛撒網，重點培養。它們不需要被投資的每一家新創企業都成為下一個谷歌（Google），只要其中幾家能成功就夠了。

風投機構和新創企業的期限配比問題

雖然風投機構的存在大大緩解了新創企業難以融資的問題，但是風投機構，與被投資企業之間也存在期限配比的問題。因為風投機構的興趣並不在於長期擁有並經營新創企業，而是在投資後的一段時間內（通常在上市後兩年內）賣出手裡所持有的企業股份並退出。換句話說，風投機構並不是企業的長期股東。

風投機構的這種做法和其經營模式有關。風投機構本質上是一個融資平臺，它們以基金的形式去募集資金（出資者被稱為「有限合夥人」），等資金到位之後，再用這些錢去投資新創企業。風投機構管理的這些基金，並不是永續存在的。清科私募通（按：中國創業投資及私人股權投資領域數據庫）的統計資料顯示，美國風投基金的存續期通常是十到十二年，而中國基金的存續期通常只有五到七年。也就是說，在中國，有限合夥人會要求風投機構在五到七年內完成投資並退出專案，分配投資收益。

為什麼中國的風投機構沒有像美國那樣，設置更長的基金存續期呢？

其中一個主要的原因是，為基金出錢的有限合夥人不願意。美國風投基金的出資人大多是機構投資者，像養老保險、大學捐贈基金等，而中國風投基金的出資人大部分是個體投資者，特別是在風投行業發展早期。個體投資者和機構投資者在投資行為上非常不同，就像炒股票一樣，個體投資者往往更缺乏耐心，不願意接受太長的投資週期，對流動性要求更高，希望錢快進快出。所以當基金的出資人大多是個體投資者的時候，就無法設置太長的基金存續期。

基金存續期的長短會帶來什麼實質的影響呢？

存續期越短，作為基金管理人的風投機構的短期業績壓力就越大，這就會導致風投機構無法和新創企業長期利益綁定。更糟糕的是，一些風投機構會把短期業績壓力轉嫁給被投資企業，要求它們提高短期業績，甚至逼迫它們做出損傷企業長期利益的決策。這就是美國著名風險投資專家保羅·岡伯斯（Paul Gompers）教授提出的風險投資「逐名動機」理論，即風投機構出於自身業績壓力，會對其投資企業「揠苗助長」，從而損害企業的長期利益。

我與李丹教授合作研究過這個議題，我們選擇 2004～2008 年在深圳中小企業板上市的企業作為研究樣本，並將這些企業分為兩類：上市前有風投機構參與的企業、以及上市前沒有風投機構參與的企業。透過下頁圖 2-1，我們可以看到兩類企業上市之後股價表現的對比結果。

圖2-1　風投支持企業和非風投支持企業上市後的股票收益率比較

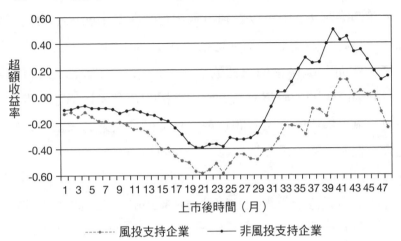

圖 2-1 中，橫坐標是企業上市後的時間。由於每家企業具體上市時間不同，我們把企業上市當月作為第 0 月，追蹤其之後 48 個月的股價表現。圖之縱坐標則是超額收益率，也就是股票的回報率比大盤高多少。超額收益率如果大於 0，就意味著企業股票跑贏了大盤。

我們透過圖 2-1 可以發現，風投機構支援的企業在上市後 48 個月的股價表現，始終低於沒有風投機構支援的企業。

如果說股價可能受市場中投資者情緒等企業不可控因素影響的話，我們再來看看會計業績的對比結果。在下頁圖 2-2 中，比較了兩類企業上市前後三年資產收益率的變化程度。資產收益率是分析盈利能力時非常有用的一項指標，其計算公式為：

資產收益率＝淨利潤／平均資產總額

其中，平均資產總額是年初資產總額和年末資產總額的平均值。我們從圖2-2中可以看到，兩類企業在上市前三年的盈利情況均為良好，資產收益率平均維持在10%以上，且上市前一年略高。然而，風投機構支持的企業在上市後幾年中，業績「變天」的幅度明顯大於沒有風投機構支援的企業。透過進一步研究發現，風投機構的從業時間越短，其被投資企業的業績變天幅度越大，說明年輕的風投機構急功近利的心態更加明顯。

圖2-2　風投支持企業和非風投支持企業上市後的股票收益率比較

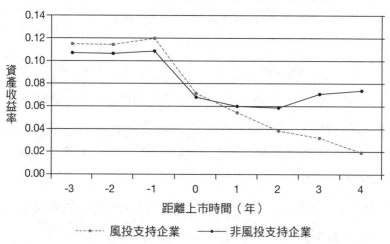

所以，新創企業在決定選擇外部融資的時候，要警惕投資方和企業之間期限錯配可能帶來的負面影響。

不過近幾年，隨著私人股權投資行業的整體成熟以及2018年中國發布的《關於規範金融機構資產管理業務的指導意見》（簡稱「資管新規」），風投機構的短視傾向已被一定程度上的

抑制。例如其中規定，個體作為有限合夥人的准入門檻，為家庭金融資產不低於 500 萬元，相較修改之前，提高了 200 萬元，同時也明確要求該投資者需具備兩年以上的投資經驗。更高的准入門檻有助於篩選出一批高品質、理性的投資人，從而緩解基金追逐短期業績的壓力，讓基金能夠真正綁定新創企業的長期利益、扶持企業成長。

劃重點

融資決策的原則是什麼？

融資方式和投資專案之間必須配比。「配比」包含兩個維度：一個是期限上的配比，另一個是風險上的配比。「短貸長投」雖然能夠節約財務費用，卻會大大提高企業風險。

風險低、盈利能力有保障的項目可以考慮使用債務融資；風險高、沒有盈利保障的項目則應考慮股權融資。

13 AB股制度的好處和風險

有個觀點認為，創業企業能拿到投資人的錢，表示投資者看好企業未來的發展。企業拿到錢後，由於其資本的助力再度向前邁進一步，其創始人一定會很高興。

但是我要告訴你，真實的情況並不完全是這樣的。創始人在拿到這筆錢後，除了高興，其實也會糾結。為什麼呢？

股權稀釋會削弱控制權

每當進行外部融資，創始人持有的企業股份比例就會減少。這個現象，叫「股權稀釋」。

假設你是一家創業企業唯一的創始人，擁有100%的股權。

某天，一家風投機構投資你的企業1,000萬元，換取企業10%的股份。在這輪融資完成之後，你手上就只剩90%的股份了，被稀釋的就是投資人所拿走的那部分股權。

隨著企業一輪輪融資，創始人手上的股份比例會越來越低。一般來說，到上市的時候，創始人手上的股份只剩下10%～15%了。股權比例的大幅度降低意味著什麼呢？股權被稀釋，

就等於把企業未來的一部分增值收益讓給了外部投資人。

　　不過對創始人來說，最後獲得的財富是多是少，並不是他們最關心的事。他們更在意的，是股權稀釋對企業控制權的影響，每一股都代表在企業的一份話語權。創始人股份減少，意味著其投票權和決策權的減少，最後甚至有可能喪失對企業的控制權，被逐出自己一手創立的企業。

實例思考

　　最著名的例子，大概就是史蒂夫・賈伯斯（Steve Jobs）了。1976 年蘋果公司誕生，這家公司最初的三個創始人進行了股權分配：賈伯斯占 45%，另外兩個合夥人史蒂夫・沃茲尼克（Stephen Wozniak）和隆納・韋恩（Ronald Wayne）分別占了 45% 和 10%。蘋果公司創立初期缺少資金，無法繼續研發產品，賈伯斯便開始四處尋找投資者。根據其招股說明書顯示，經過幾次融資和股權稀釋後，在 1980 年 12 月蘋果公司上市時，賈伯斯只剩下 15% 的股份了。

　　1981 年，蘋果公司資金周轉困難，賈伯斯接任董事長一職。當時，IBM 推出了第一臺個人電腦，搶得大部分市占率，令蘋果公司的日子很不好過。而賈伯斯的理念和當時股東的理念相悖，這也導致管理層將蘋果公司業績低迷的結果都怪罪到他身上。1985 年，蘋果公司董事會免除了賈伯斯的董事長職務，要求他不能以任何方式或管道，直接管理公司具體部門和重要事務。最終，賈伯斯離開了蘋果公司。雖

然賈伯斯離開蘋果公司的原因十分複雜，但可以肯定的是，他太低的持股比例應是原因之一，這最終導致他在公司內部失去足夠的話語權。

後來賈伯斯反思：「我看過太多糟糕的事情發生在許多原本運作良好的企業身上。這些企業就像賭徒手中的卡牌，被不斷轉售，有時是因為風險資本家們的決定，有時則是其他人的決定。我只是想要確實掌握足夠的資金及股份，以確保當公司在遭遇困難時，能夠安然渡過難關。」

創始人因為股權被稀釋而失去對企業的控制，甚至被逐出局的例子，在中國也有不少，例如線上超市「一號店」（按：中國線上超市）創始人于剛、UT 斯達康（按：總部位於香港的全球通訊公司）創始人吳鷹、汽車網站「汽車之家」（按：中國汽車資訊網站）創始人李想、俏江南集團（按：中國高級餐飲集團）創始人張蘭等，都經歷過類似的波折。所以每次融資，創始人心裡都是既欣慰卻又擔心的。

AB股制度可以保證控制權

那麼，有沒有方法能讓創始人既獲得投資，又能保護好自己對企業的控制權呢？

有一種解決方法，就是在設計股權結構時，使用雙重股權結構，也叫 AB 股制度。AB 股制度是美國資本市場上常見的股權

機制，它不同於傳統公司法堅持的「一股一權」原則，此架構下的企業可以同時發行 AB 兩種普通股。兩種股票都可以享受現金收益，但是它們的投票權完全不同。A 類股票，每股有 1 票投票權；而 B 類股票，每股擁有多票投票權。A 類股票通常由外部投資人持有，B 類股票則由創業團隊持有。

AB 股制度本質上是將企業的現金流權和控制權分離，這樣就可以保障創始人在持有少量股權的同時，仍能夠透過極高的投票權掌控自己的企業。

京東、小米（按：中國電子公司，主要產品以智慧型手機為主）、百度（按：中國搜尋引擎公司）、Meta（原名為Facebook的網路科技公司，於 2021 年 10 月後改名）、谷歌等企業都使用了雙重股權結構。根據京東的招股說明書，其執行長劉強東所持有的 B 類股票，每股擁有 20 票投票權；其他投資人持有的 A 類股票，每股僅有 1 票投票權。雖然京東經歷過多輪融資，在 2014 年上市時，劉強東手中只有 16.3％ 的股份，但他卻同時擁有公司 80％ 以上的投票表決權，能把控制權牢牢掌握在手中。

百度也使用了雙重股權結構。其上市招股說明書顯示，百度外部投資人所持的 A 類股票，每股有 1 票投票權；而執行長李彥宏持有的 B 類股票，每股則有 10 票投票權。雖然只擁有百度15.9％的股權，他卻擁有 53.5％的投票權。

中國經濟學家張維迎說過，要讓最有企業家精神的人掌控公司。由於期限配比問題，由創始人控制企業，更可能做出有利於企業長期發展的決策。有研究發現，AB 股這種「同股不同權」

的制度，確實有助於企業投入研發及產出專利。

AB 股制度的潛在風險

不過 AB 股制度，也存在一定的風險。

控制權集中在少數人手中，在企業決策正確、發展良好的前提下，大家便能相安無事。但如果創始人和團隊決策失誤，其他股東就等於成了決策失誤的陪葬品。一個典型的例子，是當年媒體頗為關注的聚美優品（按：中國化妝品團購網）。其招股說明書顯示，創始人陳歐持有聚美優品 34％ 的 B 類股票，掌握 75％ 的投票權。後來他擅自嘗試以低價將公司私有化（按：將上市公司的股份全部販賣，或轉移給同一個投資者），引起股價劇烈下跌，中小股東損失慘重。儘管投資人對這種做法非常不滿，但由於陳歐掌握著公司 75％ 的投票權，投資人也無可奈何。

兩位會計學學者李婷（Li Ting）和娜塔莉亞・札亞茲（Nataliya Zaiats）研究 19 個國家的企業股權結構後發現，使用 AB 股結構的企業財務資訊相對更加不透明，且存在更多盈餘造假的現象。所以，從公司治理的角度來看，AB 股制度是把雙面刃，需要謹慎使用。用得好，可以提升企業業績，所有人皆大歡喜；用不好，就會損傷小股東的利益。

考慮到這些風險，AB 股制度過去一直沒有得到中國 A 股市場和港股市場的認可。這也是中國眾多科技型企業，在早年會選擇去美國上市的原因之一。

不過，2018 年 4 月，香港聯合交易所發布了《主板上市規則》

第 119 次修訂（即《新主板上市規則》），增加了 AB 股制度，小米便成了第一家享受到此政策紅利的科技型企業。

上海證券交易所於2019年設立的科創板，也開始嘗試AB股制度，優刻得科技股份有限公司（按：中國雲端運算服務平臺）成為該市場首家「同股不同權」的企業。不過與不採用AB股制度的企業相比，採用此制度的企業，有著更高的上市門檻。前者被要求的預計市值，從10億元到40億元不等；但對於後者，則被要求預計市值不得低於50億、甚至100億元，且近一年的營收不得低於5億元。另外還有其他一些不平等的規則，但在此就不詳細討論。

（按：而臺灣現行的公司法，則僅允許「閉鎖性股份有限公司」以及「非公開發行股票公司」發行複數表決權特別股，但「公開發行股票之公司〔含上市櫃公司〕」仍不允許。）

劃重點

如何看待股權融資？

股權融資會導致股權稀釋，並降低創始人或大股東對企業的控制權。

解決這個問題的一種常見方法是使用雙重股權架構，其本質上，便是現金流權和控制權的分離。

雙重股權架構是一把雙面刃，需要謹慎使用。

14 | 大股東如何掏空公司？關係人交易

前文提到，公司治理問題，不僅存在於股東和管理層之間，財務高手還會看到股東和債權人之間，以及大股東和中小股東之間的利益衝突。在這一節，我們就來討論大小股東之間的關係。

大小股東的矛盾

中國和美國上市公司的股權結構，有著明顯的不同。美國上市公司的股權，相對來說更為分散，一家公司有多個股東，但每個股東持股比例都不高。既然大家都是小股東，就不存在明顯的大小股東之間的矛盾。而中國上市公司的股權則更集中，並且通常存在控制性股東（按：控制性持股，通常指持有一銀行、保險公司或證券商已發行之有表決權股份總數或資本總額超過25%），也就是常說的「一股獨大」。根據萬得資料庫的資料，2018 年中國 A 股上市公司中，最大股東的平均持股比例是33.4%。

早期的會計研究認為，大股東是造福企業和小股東的。會計學者艾瑞克・弗里德曼（Eric Friedman）和他的合作者們首次

提出了「支撐」這個概念。他們認為，大股東就像「大家長」一樣，會給企業帶來資源，並且會在企業陷入困境時挺身而出，幫助企業渡過難關。

　　但是，大股東們真的如此無私嗎？事實上有大量的案例告訴我們，大股東的付出，往往是有其他所圖的。

　　在「一股獨大」的股權結構下，大股東無疑在企業有極大的支配權和話語權。相比之下，中小股東處於弱勢，通常不參與日常管理，只能藉由管理者和大股東透露的資訊，以了解企業的運作情況。因此，財務高手在分析一股獨大企業的財務情況時，會特別關注大股東的行為，尤其著眼在大股東是否侵占了小股東的利益。

大股東「支撐」上市公司的目的

　　我們先來看一個案例：

　　長征機床股份有限公司，是一家機床製造廠，於 1995 年在深圳證券交易所（簡稱「深交所」）上市。不過，當時機械工業並不景氣，上市後經營業績每況愈下，1997 年的虧損達到 2,010 萬元。

　　1998 年，長征機床收購了四川托普科技發展公司（簡稱「托普發展」）旗下的托普軟體。之後，托普發展反過來購買了長征機床 48.37％ 的股份，搖身一變，成為其第一大股東。在一系列重組動作後，長征機床也正式改名為「托普軟體」。

　　托普發展作為大股東，控制托普軟體的第二年，後者就以火

箭般的速度轉虧為盈。根據該公司的年報，公司於 1998 年的淨利潤為 2,936 萬元，1999 年的淨利潤更達到 5,751 萬元。

我們知道，企業為了提升利潤，而進行的任何業務調整，都需要一段時間才能見效。那麼，托普軟體是如何立竿見影的大幅提升業績的呢？

這一切都源自背後推手，也就是大股東托普發展。托普發展為了提升托普軟體的業績，可以說傾盡全力，使用至少三種方式，為托普軟體創造大量收入和利潤。

第一種方式，把托普發展最賺錢的業務，都納入託普軟體的核算（審核計算）範圍，快速提升其報表上的業績。此外，托普發展還用股權轉讓的方式，將利潤較高的子公司出售給托普軟體。1998 年，托普發展將自己旗下一家企業 53.85％ 的股權出售給托普軟體。而後這家企業在納入託普軟體的報表後，在 1998～2000 年間，為托普軟體貢獻了三分之一的利潤。

第二種方式，高價賣出托普軟體的閒置資產。閒置資產未來並不能為企業創造收益，還要每期計提（計算並提取）折舊，降低企業利潤。因此，托普軟體便將它們高價出售給由其大股東，托普發展所控制的企業。這樣一來，托普軟體不但能大賺一筆，以後的利潤也不會再受資產折舊的影響。例如在 1998 年，托普軟體出售了部分閒置設備和廠房給其關係企業，四川托普集團自貢高新技術有限公司，並因此獲得 835 萬元的利潤。同時透過處置這部分資產，托普軟體每年可減少超過 400 萬元的折舊費用。

第三種方式，讓托普軟體短期投資其大股東，托普發展所控制的企業，以獲得高額的投資收益。在 1998 年 9 月，托普軟體

便投資上述提及之關係企業，四川托普集團自貢高新技術有限公司。經雙方確認，每年投資報酬率為 20％，托普軟體從這筆投資中獲得了 1,419 萬元的收益。上述這些做法，不僅讓托普軟體的業績快速提升，更讓它成為在市場上備受追捧的績優股。托普發展如此支援托普軟體的目的是什麼？難道只是單純想提升投資收益，或者是為了小股東的利益考慮嗎？

大股東「掏空」和關係人交易

事實剛好相反，托普發展是為了自己的私利而掏空了這家上市公司。我們來看看，接下來發生了什麼事。

托普軟體趁著業績提升，於 2000 年在資本市場再次融資，吸引了大量資金和中小股東。可惜好景不長，幾年後企業的業績開始下滑。2005 年 12 月 31 日，托普軟體股票成為其所在市場中，唯一一隻股價低於 1 元的股票。

究竟發生了什麼呢？原來，大股東把托普軟體養肥，就是為了用它在資本市場圈錢（按：意指透過某些貌似合法的手段，拿走不屬於自己的錢），之後再將這家企業的錢和其他資源，放進自己的口袋裡。這種操作便叫「掏空」，也叫「隧道行為」（按：比喻使用各種手段，挖掘見不得光的地下隧道，並從中挖走中小股東的財富、轉移公司的資產與利潤）。

大股東究竟是怎麼掏空上市公司的呢？會計學者們對這個問題深入研究後，得到的結論是：關係人交易。

根據會計準則：在企業財務和經營決策中，如果一方控制、

共同控制另一方或對另一方施加重大影響，以及兩方或兩方以上同受一方控制、共同控制或重大影響的，便稱為關係人，或關係企業。

而關係人或關係企業之間的交易，就稱為關係人交易。簡單來說，若甲方被乙方控制，甲、乙雙方的交易就是關係人交易；或者甲、乙兩方都受丙方控制，那甲、乙雙方的交易也是關係人交易。

關係人交易本質上是一種高效率、低成本的交易方式。就像朋友之間的合作，因為相互了解、彼此信任，可節約大量因談判和盡責查證，而產生的時間與交易成本。在出現問題時，雙方也相對一般交易，更容易協調解決。但是，關係人交易，也是一把雙面刃，可能會被大股東操縱，進而成為其掏空公司的手段。

那麼，托普發展是怎麼透過關係人交易，侵占托普軟體利益的呢？

第一種方式是透過大量的關係人交易，將托普軟體的資金和利益，轉移至大股東的關係企業。在 2000 年，托普軟體完成再融資後，將募集資金中的 5.6 億元投資給其關係企業，用於委託它們為其研發軟體，或直接向它們購買軟體。托普軟體為這些交易以及收購的無形資產支付了遠超過其價值的金額，實際上便是變相將資金轉進大股東的關係企業。

第二種方式，是占用托普軟體的資金。

占用資金通常有直接和間接兩種方式。控股公司直接從上市公司拿走各種財產物資，也就是直接占用。這種情形在財務報表上的呈現方式，就是在帳上出現大量「其他應收款」，而欠款

方，便是控股股東，或是控股股東所控制的企業。截至 2004 年
12 月 31 日，托普軟體的控股股東及其他關係企業，占用托普軟
體資金的金額為 7.5 億元。

　　與直接占用稍有差別的，是間接占用。例如，讓托普軟體為
大股東的關係企業提供貸款擔保。前文講過，這種擔保責任最後
往往會變成公司的真實負債。上市公司通常會被認為是較為優
秀、信用較高的公司群體，因此，托普軟體的大股東讓托普軟體
為其關係企業提供擔保，便能相對容易取得銀行貸款。中國證券
監督管理委員會（簡稱「證監會」）於 2005 年 9 月 23 日，對
托普軟體的處罰決定書中明載，截至 2004 年 6 月 30 日，托普
軟體為 17 家關係企業的 101 筆銀行借款提供擔保，總金額高達
21.5 億元。結果，由於關係企業並未按時還款，法院判決由托
普軟體承擔連帶責任 14.8 億元。

　　托普軟體大股東的掏空行為，其實並不是個案，雷士照明
（按：中國燈具製造商）、春蘭股份（按：中國多元企業，以空
調設備起家）、紫鑫藥業（按：中國藥品企業）等類似的案例，
層出不窮。在這些案例中，大股東短期的付出、運用控制權支持
與提升上市公司業績，並不是其最終目的。大股東支援這些企
業，只是希望企業能繼續生存，以保留未來自己掏空的機會，也
是為了最大化自己的長期利益。

如何抑制大股東的掏空行為

　　關係人交易下的隧道行為，不僅會對企業的正常交易造成負

面影響，也會為企業的中小股東帶來嚴重的後果。

　　企業有沒有辦法防止被大股東掏空呢？會計學家從公司治理的角度切入研究，結果發現兩種較有成效的方法。

　　第一種，如果能在股權分配時，保證有兩個以上的大股東擁有控制權，令各大股東之間互相牽制、互相監督，任何一個大股東都無法獨自控制企業的決策，那麼就能有效的抑制大股東的掏空行為，此方式又稱為股權制衡。黃渝祥等學者研究發現，在中國採用股權制衡的企業中，控股股東占用公司資金，或利用關係人交易侵害上市公司利益的情況，明顯少於不採用股權制衡的企業。陳曉和王琨兩位會計學教授，在考察上市公司關係人交易時發現，當持股比例超過 10％ 的股東數目增加，關係人交易的發生金額和機率便會隨之降低。

　　第二種，引入機構投資者。公司股東有兩大類──個人和機構。一般情況下，後者可以利用自身專業優勢，監督上市公司管理層的經營運作，參與公司治理，減少大股東侵害公司的機會。有研究發現，排在前十的大股東中，若存在著機構投資者的上市公司，被占用的資金會明顯少於其他公司。

劃重點

在分析「一股獨大」企業的財務情況時，需要關注什麼？重點關注大股東的背景和行為，特別是大股東是否侵占中小股東的利益。

關係人交易，是大股東侵占小股東利益的重要途徑之一。透過公司治理手段（例如股權制衡，或引入機構投資者），可以緩解這種情形。

15 | 供應鏈融資，
上下游關係更緊密

　　企業在經營發展的過程中，或多或少，都需要外部資金的支援。不過處在產業鏈不同位置的企業，其融資難度也是不同的。

　　企業龍頭相對來說，較容易獲得貸款，也享有較低的利率。另外，它們還可以憑藉自己的規模和地位，無償占用上下游企業的資金，即前文解釋過的 OPM 模式。

　　而被企業龍頭占用了資金的供應商們，也需要錢買原料、擴大生產線、招聘員工，它們也有很大的資金壓力。但為了維護和企業龍頭的關係，對於被占用的資金，它們只能忍氣吞聲。那麼，它們的資金問題要怎麼解決呢？它們也可以像企業龍頭一樣，從銀行獲得貸款嗎？

　　答案是，非常難。很多供應商都是中小企業，整體實力較弱，也沒有足夠的抵押和質押物。另外，這些企業中有很多不是上市公司，不需要對外公布其財務情況，有些甚至還沒有正規的財務報表。

　　財務資訊的不透明，導致銀行無法了解企業經營情況，很難判斷風險，因此銀行常拒絕放貸。即使勉強獲得貸款，中小供應商的貸款成本也比龍頭企業的高。根據供應鏈專家的估算，戴爾

公司（Dell）上游的製造商偉創力公司（Flex）的融資成本，要比戴爾高2.8％，零售業巨頭沃爾瑪的供應商，其融資成本平均也比沃爾瑪高0.64％。

在這種情況下，其實有個解決方案能**破解供應商的資金困局，就是這幾年非常流行的融資方式──供應鏈金融。**

每個局部的優化不等於整體的優化

銀行不願意給中小供應商貸款，是因為它們的信用水準低，銀行怕放貸以後收不回來。所以關鍵便是，想辦法解決中小供應商的信用問題。

雖然中小供應商的信用水準偏低，但供應鏈中的核心企業龍頭，則有著較高的信用水準。而這些中小供應商便是為核心企業提供服務的，如果核心企業能夠為這些合作企業背書，銀行的疑慮就能被打消了。

核心企業之所以願意為上下游合作企業背書，是因為它們並不願意看到這些企業面臨現金流短缺的困境。仔細想想就會明白，核心企業無償占用供應商的資金，表面上似乎降低了自身的財務成本，卻將資金壓力推給了上游的中小供應商。而這些資金需求迫切的中小供應商被認為是高風險的貸款人，它們需要支付更高的資金成本才能獲得貸款，這也會造成整條供應鏈資金成本上升。如果這些供應商的資金鏈斷裂，整條供應鏈就會出現失衡，就沒有人服務這些核心企業了。

知名供應鏈管理專家、史丹佛商學院的李豪教授說過：「市

場的競爭，不再是單一企業之間的競爭，而是供應鏈之間的競爭。」核心企業的財務目標並不是局部優化，不管合作夥伴死活，一味追求降低自己的資金成本。這麼做，就等於把自己和供應商，放在利益的對立位置上。對核心企業來說，大局思維才是正確的答案，也就是把自己和供應商視為利益共同體，透過對供應鏈上下游不同企業之間的資金籌措，和流動統籌安排，合理分散資金成本，從而將整條供應鏈的財務成本最小化。這就被稱為財務供應鏈管理。

財務供應鏈管理，顯現出一種重要的思維方式：每個局部的優化不等於整體的優化。

這種思維方式，在我們的日常工作和生活中非常有幫助。例如在一個團隊中，每個人都追求個人業績最大化，但並不代表團隊業績就能夠最大化。事實上，有三位學者曾研究過高級主管團隊，成員之間的晉升競爭和企業整體業績間的關係。他們發現，當每個主管都努力成為 CEO 的時候，有時反倒會出現負面影響，主管之間不配合，甚至互相陷害，導致企業出現更多的問題，和更高的訴訟風險。相反的，當高管之間產生協同效應（按：又稱加成作用、加乘作用，指「一加一大於二」的效應）的時候，企業業績才能夠最大化。

所以，當供應鏈中的核心企業具有大局思維時，它們就會明白自己所管理的資源，其實已超過自身企業的範疇；接著便會從只關注自己的財務情況，擴展到關注和統籌整條供應鏈上其他企業的財務需求，互幫互助。中國有句廣告詞就是這麼說的──大家好，才是真的好。

供應鏈金融的運作機制

那麼，供應鏈金融具體怎麼操作呢？

這邊以寶僑公司（Procter & Gamble，簡稱 P&G）為例。

這家成立於1837年的企業，是全球最大的生活用品製造商之一。2008年全球金融危機後，寶僑公司也一度陷入成長停滯、利潤下滑的困境。為了重振業績，時任CEO羅伯‧麥克唐納（Robert McDonald）做了一系列財務改革。

在分析公司的營運資金管理時，財務人員發現，寶僑公司的應付帳款周轉天數平均是45天，遠低於同行75～100天的平均水準。前文講過，OPM策略（即加速應收帳款回款，減緩應付帳款支付）是企業獲得現金流的一種方式。為了增加現金流，寶僑公司決定將應付帳款周轉天數延長至75天。

然而，執行這個新的財務政策，並非一件容易的事。寶僑公司在全球有超過 75,000 家供應商，而且還是其中數家供應商的第一大客戶，延長付款週期，無疑會造成這些供應商巨大的資金壓力。在金融危機的影響下，一些供應商在溝通後，甚至希望寶僑公司將付款週期壓縮至 15 天。

寶僑公司希望將付款週期延長至 75 天，而供應商卻希望 15 天內就能收到寶僑公司的貨款，該怎麼辦呢？為了滿足雙方的需求，寶僑公司在 2013 年 4 月推出一項供應鏈金融計畫。

憑藉自己在行業的龍頭地位，和較高的信用評等，寶僑公司找到幾家願意參與該計畫的銀行。供應鏈金融計畫主要由三份合約構成：

1. 寶僑公司和供應商簽訂商業合約，其中約定交易的商品、價格和交付日期等條款。

2. 供應商與參與計畫的銀行簽訂融資合約，其中約定供應商可以將與寶僑公司交易產生的應收帳款轉讓給銀行。如果供應商要求提前提取資金，銀行會在扣除一定的貼現率（按：在到期前，向銀行申請兌現或借款時，按一定的利率從面額中扣除的利息）後，提前支付款項給供應商。貼現率的高低，主要取決於寶僑公司的信用評等。

舉例來說，假設供應商 A 為寶僑公司提供商品，並因此產生 1,000 元的應收帳款，該供應商則可以在交易 15 日之後取得銀行支付的貨款，假設貼現率為 0.22％，則供應商實際可獲得的金額是 997.8 元。

3. 寶僑公司和參與計畫的銀行簽訂服務合約，並約定寶僑公司在指定日期時，將應收帳款全額支付給銀行。在此情形中，寶僑公司只需要在和供應商 A 完成交易後 75 天時，向銀行支付 1,000 元。

這項供應鏈金融計畫的本質是：供應商 A 提前將應收帳款，以折扣價格轉讓給銀行。貨款到期日時，寶僑公司再根據合約中的支付條款，向銀行償還全部應付帳款。

寶僑公司基於右頁表 2-1，向供應商解釋了這項供應鏈金融計畫的優勢。

從表 2-1 中可以看到，如果不參與供應鏈金融計畫，供應商就需要為 60 天的付款週期差異，額外支付 5.8 美元的融資成本

表2-1 寶僑公司供應鏈金融計畫（例子）

項目	代碼	供應商 不參與供應鏈 金融計畫	供應商 參與供應鏈 金融計畫
供應商與寶僑交易形成的應收帳款（美元）		1,000	1,000
供應商希望的回款週期（天）	A	15	15
寶僑公司希望的付款週期（天）	B	75	75
供應商實際的回款週期（天）	C	75	15
供應商需要額外融資的天數（天）	D = C-A	60	0
供應商需要額外融資的成本（美元）	E	5.8	0
銀行貼現率	F	–	0.22%
供應商實際獲得的金額（美元）	G	994.2	997.8

注：E假設以3.5%的貸款利率。融資成本計算為1000×3.5%×D/360；G不參與供應鏈金融計畫,供應商實際獲得金額計算為1000－E；參與供應鏈金融計畫,供應商實際獲得金額計算為1000*（1－F）。

來維持經營（向其他銀行貸款等），扣除這筆支出，1,000美元的應收帳款的實際價值為994.2美元。但如果加入計畫，在扣除0.22%貼現率後，供應商能夠獲得的金額為997.8美元。

　　透過這個供應鏈金融計畫，供應商能夠快速收回應收帳款，減少現金流壓力，同時降低外部貸款需求，節省財務支出。此外，寶僑公司還幫助供應商與參與此計畫的銀行之間建立聯繫管

道，為它們拓展了未來的貸款管道。

除了應收帳款之外，還有一種常見的供應鏈金融模式，稱為融通倉融資。「融」指金融，「通」指物資的流通，「倉」指物流的倉儲，簡單說就是存貨融資。醫療器材業就經常使用這種方式融資。醫療器材是一種高度損耗、使用週期短的特殊產品，為了隨時供應市場需求，企業往往會儲存大量的貨物，以備不時之需。假設一家企業除了貨物外，沒有核心企業可以為它提供信用擔保，銀行就可以透過控制貨物，也就是將貨物作為質押的方式，對企業授信（按：指銀行對於客戶授予信用，並負擔風險之業務，例如：放款、透支、貼現等）。

融通倉融資通常會涉及第三方物流企業的參與，為質押物提供融通倉，同時對抵押貨物驗收、價值評估及監管。之後，銀行就可以根據貸款申請和評估報告，發放貸款給企業了。

背書是一種重要的財務思維

解決供應鏈中小企業融資問題的核心思維，就是利用信用高的客戶，或者合作夥伴的背書，降低資訊不對稱的問題。

背書是一種重要的財務思維，在企業的各種活動中有著重要的作用。例如2B 模式（to business，以公司為客戶的經營模式）的新創企業若想做大，就一定要有「燈塔型客戶」，也就是知名度高的客戶。這些客戶的價值，不僅能為企業帶來收入，更重要的是，創業型企業可以透過這些客戶口碑宣傳，讓其為自己背書，後面的銷售困境，自然能迎刃而解。

　　再比如，在企業上市時，都會盡量選擇請知名度高的證券商承銷自家證券，其背書作用能有效幫助企業降低融資成本。在美國上市的中國企業，其融資成本往往高於當地企業。因為地域、經濟、語言和文化的差異，導致當地投資人對企業的不了解，當中國企業出售給美國投資人股票時，需提供更高的風險溢酬（按：指在面對更高的資訊不對稱和投資風險時，要求更高的投資回報）。同時，上市的各種費用（如承銷費、審計費、註冊費、律師費等）也會更高。

　　那麼，赴美上市的中國企業如何才能有效緩解，甚至消除距離造成的資訊不對稱情形，以降低海外融資成本呢？我做過的相關研究顯示，這類企業如果在上市前，就能吸引來自美國當地的投資人，例如美國的私人股權投資機構，就可以讓這些機構為自己背書。由此可節省的直接上市成本，平均為 71 萬美元。

劃重點

　　如何看待企業的融資生態？在供應鏈或類似的商業生態中，整體優化比局部優化更有價值。價值鏈中的核心企業需要有大局思維，管理的資源應超過自身的範疇。尋求背書，是中小企業獲得資源的一種重要方式。

16 | 股神巴菲特最看重的：股東權益報酬率

　　企業獲取利益主要有兩種方式。第一種是提升銷售額，從外部市場賺錢。但是隨著市場環境越來越複雜，這條路也越來越難走。於是，很多企業開始採用第二種方法——降低成本，也就是從內部找錢。

　　中國某房地產商推出過一種「345」模式，即買地三個月後就能開始銷售，四個月使現金回流，五月便能將資金再利用。這家房地產商還訂定一套嚴苛的獎懲制度：如果施工期小於三個月，就獎勵專案總監 20 萬元；但如果工期大於七個月，專案總監就會被開除。事實上這不是個案，大量的房地產企業，都已加入了高周轉的行列。消費者買預售屋，還得等好幾年才能拿到鑰匙的現象，已經不存在了。近幾年，房地產變得越來越像快速消費品（按：意指銷售速度快、價格相對較低的商品）。這是為什麼呢？

股東權益報酬率的重要性

　　追根究柢，房地產企業轉變商業模式，其實只是為了賺多一

點錢，提升業績。

會計上，我們用「股東權益報酬率」來衡量企業盈利能力：

股東權益報酬率＝稅後利潤／股東權益

這項指標越高，說明投資所帶來的收益越高。

巴菲特曾說過，**如果只能選擇一項指標，來衡量企業經營業績的話，那就選股東權益報酬率**。這是他決定買哪檔股票最重要的指標。

實例思考

巴菲特在 1988 年，花了 13 億美元購買可口可樂公司的股票。他分析了可口可樂公司前十年的股東權益報酬率和變化趨勢，發現 1978 ～ 1982 年，公司的股東權益報酬率保持在 20％左右，這是讓他進行此巨額投資的重要原因。股東權益報酬率不低於 20％，而且能穩定成長的企業，才能進入巴菲特的投資範疇。巴菲特在 1989 ～ 1998 年這十年間，憑藉可口可樂公司的股票賺了 120 億美元。

股東權益報酬率，對上市公司的融資活動也有直接影響。中國證監會曾經對申請配股的 A 股上市公司（即在資本市場再次融資的企業），有著明確的股東權益報酬率要求。1994 年 9 月

28 日，在證監會發布的通知中，要求申請配股的公司稅後股東權益報酬率，需近三年平均在 10% 以上。1996 年，證監會更修改了對股東權益報酬率的要求，改為：公司在近三年內的稅後股東權益報酬率，每年都在 10% 以上。

　　修改的重點就是兩個字，從股東權益報酬率三年「平均」在 10% 以上，改成了「每年」在 10% 以上。簡單來說，如果一家企業過去三年的股東權益報酬率分別是 0%、20%、20%，那麼，在 1996 年之前，它是符合配股條件的，其過去三年股東權益報酬率的平均值超過了 10%。但在 1996 年之後，該企業就不符合條件了，因為其第一年的股東權益報酬率沒有達到 10%。

　　別看只是兩個字的改動，它對上市公司的影響可是非常大的。那麼，上市公司是怎麼應對這個政策變化的呢？

　　我和我的博士生做過一個相關統計，分別統計了新政上路前後一年（即 1995 年和 1997 年）中國 A 股市場上，所有上市公司的股東權益報酬率分布。右頁圖 2-3 是 1995 年的統計結果，圖中的橫坐標是不同的股東權益報酬率區間，落在最左邊的是1995 年血虧的企業，落在最右邊的則是 1995 年股東權益報酬率最高的企業。縱坐標表示資料分布的情況，每條柱狀條的高度，代表落在某個股東權益報酬率區間的企業比例有多少。

　　我們發現，在新政上路前的 1995 年，A 股企業的股東權益報酬率分布狀況比較正常，統計學上符合常態分布。也就是在當年，只有少數企業的報酬率極高，也只有少數企業處於血虧狀態，大部分企業都集中在微利或者微虧之間。就像考試一樣，少數學生的分數特別高，少數學生不及格，大部分學生的分數都集

圖2-3　中國Ａ股市場1995年股東權益報酬率分布

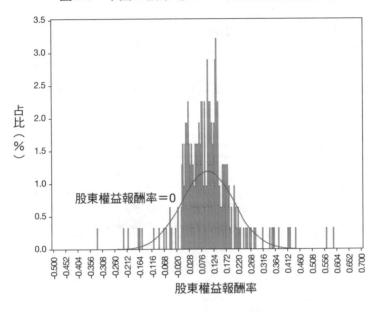

中在60～90分。

　　作為對比，我們又統計了這些企業在1997年的股東權益報酬率分布。從下頁圖2-4可以看到，分布出現了一個明顯的異象——其中一條柱狀條紋特別突出，代表在1997年，有一大批企業不約而同的報告了完全一樣的股東權益報酬率。

　　這個股東權益報酬率是多少呢？不多不少，剛好10％，也就是證監會要求的配股最低標準。顯然的，這並不是所有企業經營的自然結果。

　　不配股的上市企業，也很關心股東權益報酬率。這是因為**股東權益報酬率，決定了企業自我可持續成長的能力。**

　　所謂「自我可持續成長率」，指企業在不發行新股，不改變

圖2-4　中國 A 股市場 1997 年股東權益報酬率分布

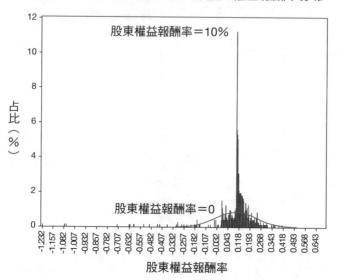

經營政策的情況下，可能實現的最大成長率，計算方式如下：

自我可持續成長率＝股東權益報酬率×留存收益率／（1－股東權益報酬率×留存收益率）

　　留存收益率代表的是，有多少利潤留在企業內部用於再發展，而不是以分紅的形式還給股東。假設一家企業的股東權益報酬率為 20％，留存收益率為 75％，那麼其自我可持續成長率為：20％×75％／(1-20％×75％)≒17.65％。

　　企業的股東權益報酬率越高，就越能自給自足，越能不依賴外部資金而維持自我成長，人們對這家企業未來的發展也就越有信心。所以，企業十分重視「股東權益報酬率」這項指標。

高周轉模式能提升股東權益報酬率

那麼，企業怎麼做才能提升股東權益報酬率呢？股東權益報酬率可以被拆解成如下三個部分：

$$股東權益報酬率 = \frac{稅後利潤}{權益總額}$$

$$= \frac{稅後利潤}{銷售收入} \times \frac{銷售收入}{資產總額} \times \frac{資產總額}{權益總額}$$

$$= 純益率 \times 資產周轉率 \times 權益乘數$$

股東權益報酬率被拆分成這三個部分：純益率、資產周轉率和權益乘數（即〔1／〔1－資產負債率〕）。這三個部分是相乘的關係，只要其中一個數字提升，都能帶動股東權益報酬率整體提升。

純益率，代表企業賣的產品是否賺錢，利潤高不高。企業可以透過提高售價提升純益率。但這個方法對房地產企業來說並不可行，現在房價已經很高了，若再提高售價，能買得起房子的人就更少了，這對銷售額肯定有負面影響。再加上在中國，房地產行業受到調控（按：中國房地產調控政策，由政府手段介入以壓下特定地區的房價），平均利潤率的整體下滑趨勢非常明顯。

那有辦法提升權益乘數嗎？權益乘數和負債率有關，資產負債率越高，權益乘數越大，股東權益報酬率就越高。前文講過，房地產企業的資產負債率，已經高於其他行業了，繼續提升負債

率的空間有限。另外，在去槓桿（按：減少企業負債）的政策導向下，提升權益乘數的路徑似乎也不可行。

純益率、權益乘數在短期內都無法增加，提升股東權益報酬率就只能靠提升資產周轉率了。

「周轉率」這個概念，起源於西方的游商。他們將馬車裝滿貨物之後前往各地販賣，直到貨物賣完才會回去，重新裝貨之後再次出發。他們在一個月內出去的次數越多，周轉率就越高，賺的錢也就越多。

所以，提升資產周轉率的核心是一個字——**快**。周轉率越高，就說明企業資產運用效率越高，資產投入能帶來的收入就越多。當外部銷售額不能增加時，提升周轉速度是從內部提升收益，在企業內部找錢的一種重要方法。這就是中國房地產企業在近年突然轉型，開始推行高周轉模式背後的財務邏輯。

其實，高周轉模式對我們而言並不陌生，其他行業中也有很多企業在用這種方式提升收益率。例如超市，它賣的是日用百貨和柴米油鹽，單件商品的純益率顯然不高。這些企業主要就是靠薄利多銷，透過提高商品的周轉率來提升收益率。

不過，採用高周轉模式也應該有一個限度，周轉速度過快，會帶來一些風險和弊端。例如一些房地產企業在採用高周轉策略之後，房子的品質大幅下降，或頻頻出現建築事故。這樣的房子，誰還敢買呢？

我寫過一批醫院管理案例，為此，我必須採訪大量醫院收集素材。在訪談中我了解到，很多醫院院長最看重的績效指標之一，就是病床周轉率。因為醫院的病床數量是固定的，只有提高

周轉率才能收納更多的病人，財務績效才能更好。但是，醫院如果一味追求周轉率，要求病人手術後立刻出院，這樣的醫院，誰還敢去呢？

股東權益報酬率背後的分治策略

前文介紹分析股東權益報酬率的方法，其實是財務管理中很重要的分析框架，稱為**「杜邦分析法」**，由杜邦公司（DuPont）一名年輕的銷售員，法蘭克・唐納森・布朗（Frank Donaldson Brown）在 1912 年提出。

當時，現代會計學才剛剛起步。雖然管理層已意識到股東權益報酬率的重要性，但是不知道該如何將其提高，面對單一的數字無從下手。

杜邦分析法的貢獻，在於它提出了一種重要的財務思維——「分治策略」。它**把一個複雜的、令人不知從何解決的大問題，拆分成若干個小問題**，管理層從而能夠判斷，企業能在哪個方面著手提升。

這就好像你給自己定了個小目標，例如將托福（TOEFL）考試成績提高 30 分。但是緊盯這個數字是沒有意義的，這麼做無法產生任何改變或結果。懂得使用分治策略的財務高手，會將一張托福考卷分成閱讀、聽力、口語和寫作四部分，看看哪部分最有進步的可能，該部分就是接下來用功的重點。

分治策略的應用非常廣。例如在電腦科學中，分治法（divide and conquer）就是一種重要的演算法。

分治法的求解過程，通常有以下三步驟：

1. 分解：將原問題分解為若干個規模較小，相對獨立，與原問題形式相同的子問題。

2. 求解：若子問題規模較小且易於解決時，則直接解。若無法直接解，則遞迴的解決各子問題。

3. 合併：將各子問題的結果合併為原問題的解。

分治策略在政治學中也經常被應用。例如美國總統競選時，候選人為了獲得全國性的勝利，會根據各州情形制定競選計畫，然後將重點放在足以決定大選結果的「關鍵搖擺州」，也就是那些競選雙方勢均力敵，皆無明顯優勢的州上。

布朗也因為這個分析法平步青雲，不但成為 CEO，還變成杜邦家族的女婿，從此走上人生顛峰。

劃重點

如何看待股東權益報酬率？

股東權益報酬率是衡量企業經營業績的核心指標。

提升股東權益報酬率有三個方法：提高利潤率，增加財務槓桿，提高周轉率。

杜邦分析法提出了「分治策略」這個財務思維方式。把不知道怎麼解決的大問題，拆分成了若干個小問題。

17 | **不是所有資訊都會影響決策**

在工作和生活中，我們每天會面臨很多選擇。但有時候，可以參考的資訊越多，我們卻越不知道該如何下決定。

企業的 CEO 也是如此，他們時常需要做出很多經營決策。例如是否應該推出新專案？新產品的零件應該自己生產，還是外包？下屬可能已對這些專案和產品做了大量調查，並將獲得的資訊製成厚厚一疊報告，提交給 CEO，但面對這麼多資訊，CEO 應該怎麼做決定呢？

我們不妨看看財務高手在經營決策中，是如何挑選和使用財務資訊的。

決策相關資訊和決策不相關資訊

資本主義的萌芽，最早出現在 14 世紀的義大利。當時的義大利出現了許多新型態的手工業工廠，主要圍繞在紡織、採礦、冶金、造船這幾個行業。其中最大的紡織業主，是麥地奇家族（House of Medici）。

一開始，麥地奇家族的所有產品，都由自己生產。但隨著生

意越做越大，家族的工廠人力有限，他們就開始思考是否可以外包一些生產環節。

事實上，自製還是外包是每家企業都要面臨的選擇。例如SpaceX（太空探索技術公司，Space Exploration Technologies Corp.）應該自製，還是購買製造火箭的各種零件？小米應該自製還是購買用於其音響的硬體？

外包決策不僅適用於產品的生產，人力資源、財務和IT這些支援性業務也可以被外包。

從財務角度來看，影響外包或自製的核心因素是成本，當外包比自製價格低廉時，就應該選擇前者。

回到麥地奇家族的故事。面對人力有限的問題，假設當時剛好有一家專門製作鈕扣的作坊，其願意幫麥地奇家族生產毛衣和毛毯上的鈕扣。估算了一下，自製100萬顆鈕扣的總成本是20萬元，其中材料費和人工費共17萬元，還有3萬元的設備費用等，平均每顆鈕扣的成本是0.2元。而那家專門做鈕扣的作坊，願意以每顆0.18元的價格，製作一樣的鈕扣。

外包價格為0.18元，自製成本為0.2元，如此看來，麥地奇家族似乎應該選擇外包。

但真的是這樣嗎？我們看一下財務高手在做這個決策時會參考哪些資訊。

財務高手會先把資訊分為兩類：一類是決策相關資訊——會隨著不同的方案而產生變化的資訊；另一類是決策不相關資訊——無論在哪個方案裡都不會改變的資訊。

將資訊分類的最大價值，便是它能告訴決策者在眾多資訊當

中，哪些需要考慮，哪些不需要考慮。如此一來，就可以大幅縮小需要考慮的範圍。

根據這個分類標準，我們可以得知，在鈕扣應該自製還是外包的決策中，決策相關資訊指的是那些透過外包節省的成本，也就是外包之後，每生產 100 萬顆鈕扣，可以節省的 17 萬元材料和人工成本；決策不相關資訊，指的是無論外包與否，仍然會產生的成本，也就是麥地奇家族已經購買的鈕扣製造設備，會繼續產生的折舊等成本。

如果我們只考慮決策相關資訊，就可以發現，外包 100 萬顆鈕扣實際能節省 17 萬元，也就是每顆鈕扣省下 0.17 元，而不是一開始以為的 0.2 元。這 0.03 元的差額，是即使外包也無法節省的成本。

當鈕扣作坊的報價為每顆鈕釦 0.18 元時，這個價格已高於外包實際能為麥地奇家族節省的費用（即每顆 0.17 元），因此麥地奇家族的正確決策應該是自製鈕扣。只有當外包商願意把價格降到每顆 0.17 元以下時，外包才是划算的。

從財務角度看，自製還是外包決策的關鍵，是明確分辨出藉由外包可以避免的成本。但是，這就是最終決策嗎？還沒完。

如果放到現在看，麥地奇家族還需要考慮另外一個維度。

我和彼得・提爾討論過這個問題，他以 SpaceX 舉了個例子。假設 SpaceX 製造火箭需要 4 萬個零件，這些零件不可能都是由 SpaceX 自己生產的。在外包和自製的決策中，SpaceX 會先考慮，這個零件是否只有一家供應商可以做。如果是，它一定會選擇自製，因為在這種情況下選擇外包，被供應商牽著鼻子走

的風險太大了。只有在同時有多家高品質供應商，皆能夠提供此零件時，SpaceX才會從成本角度選擇最優惠的方案。

實際上，任何商業決策都是非常複雜的，財務只是其中的一個決策維度。財務高手不僅要能計算帳面上的數字，還要能結合戰略視角綜合考慮。

判斷資訊是否影響決策的標準

判斷資訊在決策中是否相關，有兩個標準。一個是上文提到的，這則資訊會隨著所選擇的方案變化。另一個則是，這則資訊是對未來的預測，而不是過去的歷史資料。

這並不表示歷史資料沒有用處，它們與決策之間存在著間接聯繫，也有助於預測未來，但歷史資料與未來決策之間，是沒有直接關連的。因為當下的決策影響的是未來，而不是過去。

好比你今天要不要幫車加油，這個決策應該基於對明天油價是漲還是跌的判斷，跟昨天的油價沒有直接關係，但是昨天的油價，可以幫助你預測明天的油價。

再比如，今天要不要買一檔股票，這個決策應該基於對企業未來業績的預測，跟該企業之前的業績並沒有直接關係，但是其之前的業績，還是可以幫助你預測未來。

這就是做投資決定時，不能只分析財務報表的原因。財務報表中的資料是基於歷史的，而股價反映的，是投資人對企業未來經營績效和成長的預期。

企業估值中有一項常用的指標——本益比（price-earnings

ratio），也就是「每股價格」除以「每股利潤」。本益比越高，就代表投資人願意為企業每股利潤支付更高的價格。

這項指標中的分子——股價，反映的是投資人對企業未來價值的預判。2005 年 11 月，耐吉公司時任 CEO 威廉・佩雷斯（William Perez）乘坐私人飛機前往國外參加一場活動，飛機在飛行過程中出現了機械故障。當時媒體全程轉播報導了整個事件。當飛機仍然在空中，佩雷斯的命運生死未卜時，耐吉的股價瞬間下跌了 1.4％。而當最後飛機安全落地，耐吉的股價又瞬間反彈。這個案例說明，股價反映的是投資人對企業未來的預測，包含前瞻性的資訊。

那麼，作為分母的每股利潤，應該使用什麼時間點的金額呢？財務高手用的不是企業過去的利潤，而是未來 12 個月的預期利潤。選擇預期利潤，而非歷史利潤就是因為，價格是向未來看的，與之配比的利潤，也應該用未來預期來衡量，簡而言之，未來利潤才是與投資決策最相關的資訊。預期利潤的資料通常可以從證券分析師的報告中獲得，比如，萬得和國泰安（國泰安資訊有限公司，主要提供中國各地和香港的經濟與金融數據）的資料庫中，就能找到分析師預測利潤的資料。

劃重點

如何利用資訊做決策？

把資訊分成兩類，「相關資訊」和「不相關資訊」。

相關資訊需要滿足兩個條件：

1.會隨所選方案的不同而變化。

2.是對未來的預測。

決策只聚焦相關資訊，忽略不相關資訊。

18 | 成本要控制，
但不能過度控制

　　假設你是一家汽車企業的財務總監，你的企業生產並銷售兩種車型。一種是訂製汽車，消費者可以在手機上訂製自己想要的汽車款式，如儀表板的款式、車身顏色、座椅布局、輪框款式等，有多種配置組合可供選擇；另一種則是非訂製的普通車款。

　　企業前一年的業績不太理想，CEO 希望調整生產策略以提高利潤，你會建議他今年主打訂製車款，還是普通車款呢？

　　這個決策非常重要，如果選錯款式，業績就會進一步下滑。歷史上，因為戰略錯誤而破產的企業比比皆是，例如美國的通用汽車公司（General Motors）、克萊斯勒汽車公司都是因為經營上做了錯誤的選擇，最後導致破產。

直接成本和製造費用

　　你可能認為，只要計算兩款車各自的利潤，主打利潤高的那款車款就好了。

　　這個思路很對。透過下頁表 2-2，我們可以看到兩款車型前一年各自的銷售額和直接成本。

表2-2 普通車和訂製車的毛利率

	普通車	訂製車
銷售收入（萬元）	3,600	800
直接成本（原材料和人工）（萬元）	1,980	220
毛利（萬元）	1,620	580
毛利率（%）	45	72.5

從銷售收入看，普通車一共賣了3,600萬元，而訂製車因為目標客戶比較小眾，只賣了 800 萬元。

我們再來看一下成本。製造一輛車的直接成本包括原材料和人工成本。原材料包括鐵板、塑膠板、螺絲釘等，人工成本主要是生產線上工人的薪資。如果只考慮這些成本，普通車的成本是1,980 萬元，訂製車的成本是 220 萬元。這樣算下來，普通車的毛利率是45%，訂製車的毛利率是72.5%。

看到這，你可能會認為今年應該要主打訂製車（按：為了聚焦成本分配的內容，此處暫時不考慮期間費用，例如管理費用等，對結論的影響）。但真的是這樣嗎？

這個計算其實存在一個問題，就是沒有考慮製造費用，也就是企業為了生產商品而發生的費用，它也是產品成本的一部分。我們假設生產汽車涉及的製造費用包括：

1. 工廠和設備費用（例如工廠設備的折舊、設備使用時消耗的電費等）。

2. 工程師和設計費用（例如軟體偵錯和設計相關工作等）。

　　企業只有一款產品時，製造費用很好計算，因為費用只和這一款產品有關，直接算到它頭上就好了。但當企業不斷擴張，開始生產多種產品，製造費用就不那麼好計算了。這筆支出應該怎麼分到各款產品上才會公平呢？

　　準確計算成本是管理會計的一個重要目標，也是最大的難題。當產品種類越多、製造費用越高的時候，就越需要考慮製造費用的分配問題。如果分配得不精準，就會導致產品的成本和利潤計算錯誤。而錯誤的財務分析，會直接導致錯誤的經營決策。

傳統成本演算法和作業成本法

　　假設該企業總共產生了 2,500 萬元的製造費用，我們需要將這筆製造費用在這兩款車型中分配，應該怎麼做呢？

　　最簡單的方法，是兩種車型各承擔一半。但實際上，兩種車型消耗的製造費用，並不見得一樣，這樣分配顯然不符合管理會計的目標。

　　在傳統成本核算系統下，製造費用的分配，取決於製造該車型所需的直接人工（或機器）工時數，占總人工（或機器）公時數的比例。假設製造普通車和訂製車所使用的直接人工工時比例是 9：1，那麼間接成本中的 90％，就應該分配給普通車，剩下的 10％分配給訂製車。

　　透過下頁表 2-3，我們可以看到加入製造費用之後，兩款車

表2-3　普通車和訂製車的毛利率（包括製造費用）

	普通車	訂製車
銷售收入（萬元）	3,600	800
直接成本（原材料和人工）（萬元）	1,980	220
製造費用（萬元）	2,250	250
毛利（萬元）	−630	330
毛利率（％）	−17.5	41.2

型的總生產成本和毛利率：普通車的毛利率是−17.5％，訂製車的毛利率是41.2％。

　　這樣看來，就算加上製造費用，也沒有改變之前的結論，你似乎可以準備告訴CEO，今年要主打訂製車了。

　　但是，這個決策可能還是錯的。企業雖然使用了其直接人工工時的90％，大規模生產普通車，但是普通車的設計和系統偵錯相對簡單，並不需要太多的設計師和工程師的支援。相比之下，雖然訂製車僅涉及10％的直接人工工時，但購買訂製車的顧客往往有特殊需求，這就產生了大量的產品設計和系統偵錯工作。假設在2,500萬元的製造費用中，工廠和設備費用占1,000萬，工程師和設計師費用占1,500萬元，那麼我們顯然應該把大部分的工程師和設計師費用分配給訂製車。表2-3中的結果，明顯與我們的理解相悖。那麼應該怎麼做呢？

　　哈佛大學的羅賓・庫珀（Robin Cooper）和羅伯特・卡普蘭（Robert Kaplan）教授，為如何準確分配成本貢獻了一種創新

思維。他們在 1988 年發表了「計算成本的正確性：制定正確的決策」（*Measure Costs Right: Make the Right Decisions*）一文，開始推廣一種叫「作業成本法」的分配方法。

他們認為，產生成本的根本原因，是因為發生了某項活動。所以，成本分配的基礎是「作業」。作業對應的原文為 activity，直譯為「活動」，就是為了突顯：**成本是由活動驅動的。**

例如銀行的信用卡部門有兩種產品──普通卡和白金卡，但這個部門的成本，就不應該按發卡的數量來分配。因為普通卡雖然數量大，但客戶維護成本較低；而白金卡雖然數量少，但是需要信用卡部門人員一對一為客戶服務，客戶維護成本更高。因此，在作業成本法下，信用卡部門分配成本的基礎，即「作業」，指的應該是服務客戶的時間。

回到汽車生產的例子。在 2,500 萬元的製造費用中，工廠和設備的成本變因是直接人工工時數。而調查後發現，工程師和設計師成本，主要和每臺車的訂製組件數有關。組件數越多，設計和偵錯就越費勁，換句話說，設計和工程活動的成本變因為「組件數」。

訂製車是非標準化產品（按：不按統一規格，而是按照一個或有限數量客戶的特殊要求所製造的產品），所需組件數占 90%；普通車因為是標準化產品，所需組件數只占了 10%。按這個邏輯，工程和設計所產生的製造費用，訂製車應該承擔 90%，普通車承擔剩下的 10%。

總結來說，製造費用中的 1,000 萬元工廠和設備費用，應該按直接人工工時數分配，即普通車分配 90%，訂製車分配

10％；而工程和設計產生的 1,500 萬元製造費用，應該按組件數分配，即普通車分配 10％，訂製車分配 90％。

從表 2-4 中，我們就可以看到使用作業成本法分配的結果：普通車的毛利率竟然從虧損變成了 15.8％，而訂製車的毛利率，則從 41.2％ 降到 −108.8％。

表2-4　普通車和訂製車的毛利率（作業成本法）

（萬元）	普通車	訂製車
銷售收入（萬元）	3,600	800
直接成本 (原材料和人工)（萬元）	1,980	220
間接成本 (車間和設備)（萬元）	900	100
間接成本（工程師和設計）（萬元）	150	1,350
毛利 (萬元)	570	−870
毛利率（％）	15.8	−108.8

結論完全反轉了！結果普通車才是毛利率更高的產品，而訂製車實際上正在讓企業虧錢。所以你應該馬上向CEO建議，立即停產訂製車，或者為其設定更高的價格，以彌補訂製服務產生的高額成本。

過度控制成本的弊端

作業成本法的本質，是為了更精準的識別成本，以便企業控

制成本。嚴格的成本控制，雖然是企業獲取利潤的重要方法之一，但需把握好尺度，過度控制也可能造成不可估計的損失。

實例思考

以諾基亞（Nokia）為例，這家歷史悠久的企業，成立於 1865 年，在功能型手機時代時，曾經是全球手機的領導者。然而，自從 2007 年 iPhone 問世後，諾基亞在智慧型手機市場的銷量，遠遠落後於蘋果公司和三星集團（Samsung）。最後，諾基亞於 2012 年從法蘭克福證券交易所下市。

諾基亞衰落的原因雖然非常複雜，但有一個不得不提的原因就是缺乏創新。蘋果公司 CEO 提姆·庫克，在評價諾基亞時曾經說：「不創新必然會帶來消亡。」

不過，諾基亞缺乏創新，並不是因為其缺少研發能力。事實上，早在 1996 年，諾基亞就曾推出過智慧型手機的概念機，比 iPhone 早了十年以上。但諾基亞並沒有大力發展智慧型手機和觸控技術，因為諾基亞當時認為，智慧型手機的市場需求較小，而這些技術的研發，則需要巨大的花費，這並不符合其成本控制的思路。

諾基亞是一家把成本控制思維發揮到極致的企業。它在稱霸全球手機市場時，一款機型可以迅速賣出幾百萬臺。透過大量採購原物料，企業可以大幅降低成本。它還建設了大量的工廠，控制運作成本，有著別家企業無法企及的利潤空

間。然而，高效率運作的文化和極致的成本控制，終會變成創新的絆腳石。考慮到新技術的研發勢必需要投入大量資金，而且還有很高的失敗率，投入成本相對不可控制，諾基亞對新技術的投入，就此被成本風險束縛了，最終也造成無法挽回的後果。

事實上，不僅過度控制成本會扼殺創新，對人的過度控制也會抑制創新。奧盧本米・法萊耶（Olubunmi Faleye）等幾位教授研究發現，當董事會對企業管理層過度監管和控制時，會明顯抑制企業的創新活動和產出。

劃重點

如何看待成本？

精準的識別和計算成本，是成本管理的先決條件。

精準的成本計算，需要精準的「成本變因」，也就是和某項活動最相關的計量維度。

成本控制也是一把雙面刃，過度控制成本也會對企業造成負面影響。

19 | 財務與人力決策的反噬效應

　　假設你是一家高科技企業的財務總監，你的企業為了研發新產品，投入了大量的研發資金。轉眼到了年末，要編製財務報表了。這些研發支出中的多少應該被認定為資產，多少應該被認定為支出呢？

　　如何處理研發支出，是對科技型企業的利潤影響最大的財務決策。前文提過，早期的研究投入能否在未來為企業創造收益，有著高度的不確定性，所以會計政策要求企業將這部分支出當成費用處理。到了後期開發階段，產品已經非常接近商品化，預計很快將能為企業帶來收益，會計政策就允許把這部分支出資本化，也就是將其認定為企業的無形資產。

　　雖然會計政策規定得很清楚，但在實際情況中，資本化和費用化的界線其實難以判斷。因此，企業有非常大的主觀判斷空間。如果研發支出全部做費用化處理，直接導致的結果，就是降低當期利潤。費用化的金額越高，當期利潤就越低。看到這裡，你可能會說，那就將支出全部資本化處理，這樣可以讓利潤看起來比較漂亮。

　　但財務高手卻會問：「只考慮了當下，未來幾年怎麼辦？」

財務決策的反噬效應

許多人沒有考慮到，當下的資本化處理，會導致企業未來業績的反噬效應。

這個效應是怎麼發生的呢？

前文提過，鐵路、設備等固定資產未來每年都需要折舊，以顯現資產在使用過程中的耗損，而折舊費用會直接降低當期利潤。同樣的，研發投入這樣的無形資產，未來每年也需要折舊——會計上把無形資產的折舊稱為「攤銷」（amortization）。攤銷費用也會直接降低利潤。所以，現在研發投入的資本化比例越高，也就是被認定成無形資產的金額越高，未來每年需要攤銷的金額就越大，對未來利潤的負面影響也就越大。這就是研發投入資本化的反噬效應。

借用電影《無間道》裡的臺詞：「**出來混，遲早要還的。**」

科大訊飛股份有限公司（iFlytek，簡稱「科大訊飛」）是一家智慧語音和人工智慧企業。作為一家高科技企業，研發投入自然是其主要支出之一。其 2018 年年報顯示（參考右頁表 2-5），公司當年的研發投入約為 17 億元，占營業收入的 22.39％，而且比前一年增加了 54.78％。

面對這麼高額的研發投入，不同的會計處理方式，顯然會對該公司的利潤有巨大的影響。

科大訊飛選擇了多高的資本化比例呢？我們從年報中可以看出，2018 年的研發投入資本化比例是 47.02％。用 17.73 億元研發支出乘以 47.02％，可以算出，約有 8 億元的研發投入被認定

表2-5　科大訊飛2018年研發相關投入的資料

	2018 年	2017 年	變動比例
研發人員數量（人）	6,902	5,739	21.33%
研發人員數量占比	62.92%	66.28%	−3.33%
研發投入金額（元）	1,772,739,448.27	1,145,328,994.08	54.78%
研發投入占營業收入比例	22.39%	21.04%	1.35%
研發投入資本化的金額（元）	833,515,226.98	549,300,540.48	51.74%
資本化研發投入占研發投入的比例	47.02%	47.96%	−0.94%

資料來源：科大訊飛2018年年度財務報告。

為無形資產。根據公司年報，科大訊飛 2018 年的無形資產也因此膨脹到約 16 億元。

　　這個資本化比例合理嗎？有兩個方法可以幫助我們做出判斷，分別是「橫著比」和「豎著比」。

　　橫著比是指和同行業其他企業比較。根據萬得資料庫的資料統計，其同行的研發投入資本化比例大約在 14％，科大訊飛的研發投入資本化比例顯然更高。

　　資本化比例比同行高，一定不合理嗎？不一定。有一種可能的解釋是，科大訊飛的技術確實比同行更加成熟和領先，更接近商品化階段。如果這種解釋是對的，那麼作為一家技術領先、走差異化路線的企業，投入市場的這些高科技新產品，應該能快速創造更大的利潤空間。但是如下頁圖 2–5 所示，科大訊飛

2013～2018 年的主營業務利潤率大約都徘徊在 50%。另外，這些年隨著研發投入資本化比例的提高，利潤率不但沒有上升，反而有所下降。所以，科大訊飛研發投入資本化的比例是否合理，還有待商榷。

圖2-5　科大訊飛 2013～2018 年主營業務利潤率

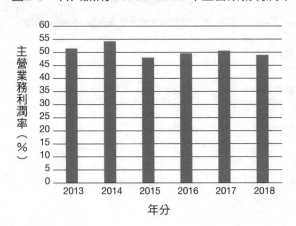

資料來源：根據科大訊飛 2013～2018 年年度財務報告資料計算得出。

　　除了和同行「橫著比」，企業還可以和自己的歷史資料「豎著比」。2014 年時，科大訊飛研發投入資本化比例只有 39.16%，到了 2018 年卻提高到 47.02%，資本化比例逐年上升。

　　科大訊飛過去這些年不斷提升的資本化比例，對其業績的反噬效應已經開始顯現了。我們可以在其年報中，發現名為「無形資產攤銷」的會計科目。這個科目就是早年研發費用資本化之後，後續年分的攤銷金額，也就是反噬效應。如右頁圖 2-6 所示，2012～2018 年，攤銷費用快速成長。其年報顯示，2012

年，科大訊飛無形資產的攤銷只有 3,547 萬元，而 2018 年時已
經增加到 3.69 億元，約占管理費用的 39％。而攤銷金額越大，
當期利潤就越低。

圖2-6　科大訊飛 2012～2018 年無形資產攤銷金額

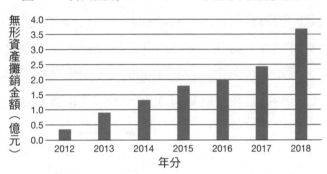

資料來源：科大訊飛 2012～2018 年年度財務報告資料。

　　所以，研發投入資本化雖然提高了當期利潤，實際上卻留下
了一系列後遺症。財務高手在評估一家高科技企業時，會特別關
注研發投入的會計處理，並且會警惕高度的資本化比例對未來業
績的反噬效應。

　　其實，研發投入資本化的反噬效應並不是個案，其他財務決
策也會產生類似問題。

　　例如，有的企業為了提升當期的銷售收入，會寅吃卯糧，將
未來的收入提前在今年確認。怎麼操作的呢？其中一種常見的做
法，是填塞銷售管道，也就是向銷售管道過分銷售商品。這是一
種惡性的促銷手段，賣方透過向經銷商提供優渥的條件，誘使它
們提前訂貨，從而讓自己在短期內的銷售收入大幅成長。但是這

種做法，並沒有考慮到未來幾年收入的反噬效應。如果今年經銷商已經「吃飽了」，商品短期內無法消化，那它們在未來幾年的採購量自然就會下降，企業未來的收入就會相應的減少。這就是填塞分銷管道的反噬效應。

再比如，前文提過，擁有大量固定資產的企業，為了降低每年固定資產的折舊費用，提高當期利潤，可能會刻意拉長折舊年限，放慢折舊速度。假設一臺 3,000 元的電腦，原本預計使用壽命是三年，每年的折舊費用就是 1,000 元。如果把折舊年限拉長到十年，每年的折舊費用就只有 300 元。但是折舊年限被拉長，意味著未來有更多年的利潤會受到影響。這就是改變折舊政策的反噬效應。

人力資源的反噬效應

不僅財務決策會產生反噬效應，人力資源管理同樣會產生反噬效應。

科技型企業為研發活動投入的不僅是資金，還有大量的技術人員。企業創新需要人才，所以技術員工的比例，就對企業創新有著重要影響。根據第 170 頁表 2-5，科大訊飛 2018 年的技術人員數量高達 6,902 人，占公司員工總數量的 62.92%。

一般我們會認為，技術員工多多益善，其比例越高，企業創新產出和業績就會越高。事實真的是這樣嗎？

有研究發現，技術員工比例和企業表現之間的關係呈現倒 U 型，也就是說，技術人員剛開始增加時，對企業確實是有益處

的。但是當比例過高以後，就會開始對企業的創新產出和整體業績產生反噬效應。

為什麼呢？一方面，有研究顯示，隨著技術員工比例的提高，其在企業內部的重要性和話語權就會增加，相應的談判能力就會增強。這些員工談判時往往會要求更高的薪酬，也就會導致企業承擔更高的成本。另一方面，技術員工的囤積很容易產生「搭便車」現象（按：不付出努力或成本，而坐享他人之利），這也會對企業績效帶來負面影響。

董事會規模和企業績效之間也呈現倒 U 型的關係。有研究發現，一開始董事會規模的擴大有利於提高治理效率，然而當董事會人數過多後，董事會的運轉和決策效率就會下降，且更容易被 CEO 控制。

企業估值的反噬效應

不僅財務和人力資源管理要警惕反噬效應，這兩年，中國企業估值也常出現反噬效應。

創業企業在上市前會經歷多輪融資，一般來說，每一輪的估值都會提高。估值不斷提高本身是好事，但如果估值是被人為推高的，超過企業本身價值，就會導致這些企業上市時出現股價「破發」，也就是上市後的股價低於上市前的價格。近兩年的明星 IPO 企業，如小米、平安好醫生（按：中國線上醫療服務）、匯付天下（按：中國第三方支付平臺）、獵聘（按：中國招聘網站）、中國鐵塔（按：中國通訊設施服務企業）等，都曾

遭遇破發。

這種現象被稱為「一、二級市場估值倒掛」（按：一級市場，又稱發行市場，是處理新發行證券的金融市場；二級市場，又稱次級市場，買賣已經上市公司股票的資本市場），也就是企業估值的反噬效應。

為什麼一級市場估值會超過二級市場呢？其背後的原因是，創業企業上市前的融資鏈條越來越長，以前到 D 輪（按：第四輪融資）就上市，現在到 G 輪都還沒有上市。這就導致早期投資人沒有耐心等到上市後再退出，而是希望找人來背鍋，讓下一輪投資人高位接盤（按：投資者買入股票的行為），這樣一來，每輪融資估值就會被拉高。另外，早年很多私人股權投資機構癡迷於 Pre－IPO 模式，也就是在企業上市前高價突擊入股。只要二級市場估值足夠高，就有套利的機會。高價突擊入股也會推高創業企業上市前的估值。當這個估值超過二級市場投資人的心理預期時，他們不願意為這個虛高的價格買單，就會出現破發。

其實，反噬效應在我們的日常生活中也隨處可見。例如當我在寫這本書時，北京正經歷四十年來最炎熱的夏天，氣溫連續好幾天在攝氏 35 度以上。這就是人類早年為了工業發展而焚燒石油、煤炭，對環境過度開發的反噬效應。

所以，我們在做任何決策的時候，都需要有長遠的眼光，警惕未來的反噬效應。

劃重點

如何看待資源管理？

資源的投入以及相關財務處理，需要考慮未來的反噬效應。研發投入過度資本化、填塞銷售管道、拉長固定資產折舊年限等財務決策，都會對企業未來利潤帶來負面影響。

人力資源管理和市值管理，也需要警惕反噬效應。

20 | 海爾的逆襲：
每個員工都是一張損益表

1984 年，35 歲的張瑞敏接手海爾集團（Haier）。那時候的海爾，是一家瀕臨倒閉的小工廠，張瑞敏靠四處借錢才得以給員工發薪水。

2009 年，海爾便超越了家電巨頭惠而浦（Whirlpool）和 LG。

2016 年，海爾的年報顯示，公司銷售額達到一千多億元。

海爾是怎麼逆襲的呢？用張瑞敏的話說，這個祕訣就是，讓每個人都成為自己的 CEO，也就是說，企業裡的每個員工都應該像 CEO 那樣思考、做決策。用財務的話來解釋，就是「**讓人人都成為一張損益表**」。什麼意思呢？

如果企業視為一張大的損益表，每個員工就是其中一張小的損益表。如果每個人都為企業貢獻了最大的利潤，企業當然就能為股東貢獻最大的利潤。

把所有成本中心變成利潤中心

這個邏輯看起來很簡單，卻意味著很大的思維轉變。我們都知道，有收入才有利潤。但企業裡不是每個部門都要面對市場、

創造收入的。傳統的管理會計，會根據一個部門是否產生收入這個標準，劃分出「利潤中心」和「成本中心」這兩大類（按：另外還有收入中心、投資中心兩分類，但此處並不多加討論）。利潤中心直接面對市場，能透過對外銷售獲得收入，最典型的就是銷售部門。而成本中心不直接面對市場，也不產生收入，例如生產部門、財務部門、及行政後勤等中、後臺部門。

由於部門的性質不同，考核標準也不一樣。利潤中心的部門考核利潤，成本中心的部門考核成本。但是這樣做，會出現兩個主要問題。

1. 部門之間的目標不一致

假設銷售部接到一筆大額訂單，客戶要求一週內必須拿到產品。銷售部經理十萬火急的跑去找生產部經理，請他們加班將這批貨趕出來。結果生產部經理卻說：「不好意思，我的訂單已經排滿了。」

生產部經理為什麼不願意接單呢？因為生產部門是成本中心，只考慮如何按時完成生產，降低成本。額外訂單會讓銷售部門和企業增加多少收入，和生產部門沒有直接關係。但是為了完成這些訂單，生產部門的員工就要加班超時工作，反而增加了生產部門的負擔和成本。

因此，從生產部的立場來說，不接這筆訂單是對於自己最有利的決定。但是對於企業來說，不接這筆訂單就變成了損失。

2. 企業對市場變化的靈敏度降低

在網路時代，企業最大的變化就是從「產品導向」轉向「使用者導向」。以前消費者沒有太多選擇，企業生產什麼，消費者就買什麼。企業並不需要讓每個部門都面向市場、即時感受市場的變化。但現在的市場環境供給過剩，競爭激烈，企業想在這種環境下生存，就需要所有部門直接傾聽消費者和市場的聲音。然而，傳統企業的中、後臺部門，是沒有機會直接面對市場的，各部門之間的獨立運作和考核使它們沒有機會合作。

那要怎樣做，才能讓企業中、後臺的部門也能即時感受到市場變化呢？

引用禪宗裡的一句話「凡牆皆是門」，我們不如把每一道牆都變成一道門。只要門一打開，市場這個「無形的力量」就可以像風一樣，到達企業的每一個角落了。

如何制定內部「移轉定價」

具體上該怎麼做呢？這就必須提到財務思維對管理變革的貢獻了。市場的變化直接反映在收入裡，如果能想辦法讓企業每個部門都和市場收入直接連結，就等於打開了門，做到「人人都是損益表」了。

這就是張瑞敏這樣的財務高手使用的方法——把所有成本中心都變成利潤中心。

兩位資深學者邁克・詹森（Michael Jensen）和威廉・梅克林（William Meckling）早在 1976 年就提出了這個思路。他們

認為，企業部門之間，甚至人和人之間，都存在一種契約關係。沿著這個思路，企業就可以建立一種內部市場交易機制，將部門之間的產品和服務「買賣」市場化，從而讓各部門都產生收益。

　　例如，生產部是為銷售部門提供產品的，行政部是為其他部門提供勞務的，那麼這些產品和勞務就可以有相應的定價，讓其他部門購買，這就是生產部和行政部的收入來源。這樣一來，銷售部接到市場上的訂單後，就得從生產部購買產品，然後銷售到市場上，如此一來，銷售部和生產部就都能獲得收益了。

　　為了實現部門之間的交易，就需要制定一個內部交易價格。這個價格，在財務中叫「移轉定價」（transfer pricing），它是怎麼定的呢？

　　我考察過一家叫「新興鑄管」的企業，它位於邯鄲，專門生產排水管道。這家企業有近一半的產品會被銷售到全球98個國家及地區。

　　在2008年之前，和大多數製造業企業一樣，新興鑄管採用的是傳統管理方法。把中、後臺部門認定為成本中心，只考核其成本，這導致這些部門對外部市場的變化反應很遲鈍。

　　2008年金融危機爆發，鋼鐵業由於和宏觀經濟走向密切相關，鋼鐵產品的價格大幅下降，新興鑄管也受到了影響。

　　為了應對危機，新興鑄管的總經理張同波借鑑了「人人都是CEO」這種管理思維。我採訪他的時候，他有一段話令我印象深刻，他說：「這次變革主要圍繞兩個核心思路。第一，緊盯市場，增加各部門之間的溝通，對外部市場變化做出快速反應。第二，各事業部從成本中心轉化為利潤中心。」

那麼，新興鑄管具體是怎麼做的呢？

舉例來說，生產鑄管得先經過一道熔煉工序，然後完成離心澆注工序，最後才能成型。這兩道工序由兩個部門負責，在此分別將它們簡稱為 A 部門和 B 部門。A 部門把鐵管轉移給 B 部門時，產生的移轉定價既是 A 部門的收入，也是 B 部門的成本。

價格的制定需要考慮兩方面成本，一方面是 A 部門實際的生產成本——假設是 60 元一根；另一方面則是外部市場價格，也就是 A 部門如果直接把鐵管賣給其他企業，能賣多少錢——假設是 100 元一根。外部市場價格很重要，因為對 A 部門來說，這就是賣給 B 部門的機會成本。如果你是 A 部門的負責人，那你肯定更願意將 100 元作為移轉定價，這就是轉移價格的下限。

那轉移價格的上限應該如何確定呢？這就需要考慮 B 部門的情況了。

假設 B 部門將鐵管轉移給 C 部門的價格，是 250 元一根，減去 120 元的其他成本，B 部門支付給 A 部門的價格必須小於 130 元，才能保證自己有利潤。

那麼如果 A 部門報價 120 元，B 部門就會接受嗎？別忘了，B 部門也有選擇權。如果外部供應商的價格是 110 元，那麼 B 部門肯定不會從 A 部門購買鐵管。

所以，從企業的立場來看，如果內部移轉定價高於 A 部門能接受的最低價格，同時低於 B 部門的成本價格和外部市場價格，即價格在 100 ～ 110 元時，內部交易就能實現。

將外部市場價格作為標準，對制定內部轉移價格很有幫助，但不是每個產品或服務，都有其外部市場價格。遇到這種情況，

應該怎樣定價呢？

有一種應對這種情況的定價方法，叫成本加價法（Cost Plus method，簡稱 CP 或 CPLM），就是在生產成本上加一點利潤，再轉移給其他部門。具體要加多少，就看兩個部門的議價能力了。

移轉定價這種財務創新思維可以讓每個部門，甚至每個人都變成利潤中心。當每個部門、每個人都成為一張損益表的時候，企業整體的利潤就是最大的。

劃重點

如何實現企業利益的最大化？

讓各個部門的目標和企業目標保持一致。

可以透過財務機制（例如基於移轉定價，建立企業內部交易市場），將各個部門聯動。

第三章

花錢：
關於投資與分配

21 | 固定資產應該
買、租還是借？

前一章討論了企業如何找錢，這一章，我們來看看企業會怎麼花錢。

企業最重要，往往也是最大的開銷，就是固定資產投資。

固定資產指的是企業的大件資產，比如廠房、生產設備等。固定資產不僅花費大，而且企業還準備要長期持有這些資產。

與固定資產相對的，是庫存、短期投資等流動資產。流動資產是企業準備短期持有的，持有時間通常不超過一年。

對企業來說，固定資產投資可不是一件能簡單決策的事情，因為大筆開支會直接影響企業的現金流。正如前文所提過的，企業如果沒有現金，就會面臨破產風險。所以，企業如果想獲得固定資產，最佳策略是什麼？獲得這些固定資產以後，還有沒有可能使其產生效益呢？這些問題對企業來說都非常重要。

如何比較買、租、借

由於航空公司通常擁有很多固定資產，在此我們就以它為例分析。

對航空公司來說，最重要的固定資產就是飛機。假設你是中國東方航空公司（簡稱「東航」）的財務總監，CEO 表示現在急需 5 架新飛機，那麼你準備買還是租呢？

租用固定資產，在財務中稱為「租賃」。租賃是近幾年非常流行的一種金融工具，特別受重資產企業歡迎。東航 2018 年年報顯示，截至該年底，公司共有 692 架飛機在運作中，其中 450 架（65％）飛機是租的。《2019 年融資租賃業發展情況報告》顯示，2019 年世界租賃業務總額，約為四兆美元。

假設你每年付給租賃公司 700 萬元租金，十年後這架飛機就可以歸你的公司所有；而買這架飛機，則需要一次花 5,000 萬元。你會選擇買還是租呢？

不管結論如何，當你開始這樣比較時，你的決策思路就已經錯了。為什麼？

在回答這個問題之前，我們先看看租賃的本質。「租飛機」實際上是一種借貸行為，不過不是向銀行借，而是向融資租賃公司借。航空公司拿到的也不是現金，而是價值 5,000 萬元的飛機一架──你不用拿著從銀行借來的錢去買飛機，租賃公司直接買好了給你。租賃協定一旦簽訂，就不能輕易終止，而且航空公司要保證未來十年，每年都付給租賃公司 700 萬元。所以，租賃本質上是一種債務融資。採用這種方式的好處是，航空公司不用一下子投入大量資金，而是可以分十年支付，現金流的壓力較小。但是，這比直接買飛機多了兩種風險：第一，要是某一年航空公司沒錢支付租金，租賃公司隨時可以把飛機收回；第二，會計學上認為，融資租賃的本質還是分期付款購買資產，所以每年支付

的租金，事實上是在分期還債。

因此，租賃和自行購買的風險等級是不一樣的。財務決策中，在「同風險等級」的投資決策之間比較，是一個非常重要的原則。例如前文講過，投資的機會成本，是為了一個選擇所放棄的其他選擇的收益，此處的其他選擇，必須和最終選擇的風險等級相同。假設投資麥當勞，比較的其他項目就必須是同風險等級的肯德基，而不是銀行的定期存款，這樣的比較才是公平的。

所以，考慮買還是租，這個思路本身就錯了，因為它忽略了兩個選擇背後的風險等級並不相同，換言之，把這兩個選項拿來一起比較，是不公平的。

思考這個問題的正確方式，應該是考慮「租還是借」，也就是說，把租賃這種債務融資方式，和其他債務融資方式比較。例如，向銀行貸款 5,000 萬元現金購買飛機，和向租賃公司租一架飛機，哪種方式更划算。

價值 5,000 萬元的飛機，未來十年每年還 700 萬元，租賃公司要求的利率大約是 7%。暫不考慮折舊和稅務的影響，如果航空公司能從銀行獲得利率低於 7% 的貸款，那麼向銀行貸款買飛機就會是更好的選擇。

如何降低「租賃」對負債率的影響

假設你最終選擇了租賃飛機，這時航空公司財報上的負債就會相應的提高。負債率一提高，投資人就會緊張。有沒有方法不要影響報表上的負債率呢？

在 2019 年以前，有些企業會採取一種方法，把與租賃相關的債務隱藏在財務報表之外——把租賃的性質從租飛機這種「融資租賃」，想辦法變成另外一種「營業租賃」。

什麼是營業租賃？假如航空公司舉辦員工培訓，租用了兩天大客車，這種租賃就屬於營業租賃。

租用大客車（即營業租賃）和租飛機（即融資租賃）主要有以下幾點不同：

1. 租期不同。大客車只需要租兩天，而飛機的租期顯然更長，占飛機使用壽命的絕大部分。

2. 租金和資產的比值不同。大客車的租金只需要幾千元，但是一架飛機的總租金幾乎接近飛機的總價值。

3. 所有權不同。租大客車，只有兩天的使用權，兩天後車仍然不歸航空公司所有，但是租一架飛機，航空公司最終可以獲得飛機的所有權。

一般來說，融資租賃指租期較長、租金占比較高，或者最終會獲得所有權的租賃活動，也就是說，承租企業享受了租賃資產帶來的絕大部分利益，同時承擔其主要的使用費用和風險，就被認為是融資租賃，反之，就被認為是營業租賃。

融資租賃和營業租賃，對財務報表的影響是不同的。營業租賃不涉及資產的所有權，也不會為企業帶來未來收益，所以這部分租金就可以作為費用處理。而只要費用不出現在資產負債表上，就不會增加企業的負債率。

　　要如何把這 5 架飛機的租賃合約，從融資租賃改成營業租賃呢？假設一架飛機租期超過十五年，就會被認定為融資租賃，這時，企業只要把一份長租合約，修改成若干份短租合約——例如先簽一份十三年的租賃合約——就可以改變租賃的性質了。等租賃期滿之後，企業再辦理續租，或者乾脆改租別的飛機。

　　租賃債務雖然表面上被隱藏了，但本質上還是存在，企業還是需要定期還錢的，也就是說，這個債務雖然被企業刻意挪出了財務報表，實際上還是提高了企業的真實風險。

　　為了減少企業這種鑽漏洞的行為，提升財務報表的透明度和可參考性，2018 年，中國財政部修訂了企業會計準則。新的租賃準則中，不再將租賃區分為營業租賃和融資租賃，而是採用統一的會計處理模式，對短期租賃（指自租賃期開始日起，租賃期不超過 12 個月的租賃）和低價值資產租賃（指單項資產為全新資產時，價值低於 5,000 美元的租賃）以外的其他所有租賃，均應被確認為使用權資產和租賃負債，都應明載在資產負債表中。

如何讓租來的固定資產產生效益

　　假設你用貸款購買搞定了這 5 架飛機。CEO 突然又找到你說：公司現在急需一大筆錢，讓你想想辦法。可是飛機已經運到公司了，已經不可能退款了，那該怎麼辦呢？

　　這時可以採用「融資性售後回租」——將這5架飛機賣給一家融資租賃公司，再和這家公司簽一份租賃合約，把飛機租回來。這份合約的租賃期滿後，你就可以根據合約約定再拿回飛機

的所有權了。這純粹是一種財務上的操作，租賃公司不會真的把飛機運來運去的。

　　此方法一度非常流行，因為當企業急需用錢時，這個方法能幫助企業藉由固定資產產生效益、從固定資產中找到營運資金。很多企業都用過這個方法。例如根據中地乳業集團有限公司（按：中國乳牛養殖、乳品製造商）2018 年發布的公告，公司將把 7,125 頭乳牛以 2.25 億元的價格賣給北銀金融租賃有限公司，之後再租回來。類似的例子還有北控清潔能源集團有限公司（按：中國太陽能發電服務商）、和美醫療控股有限公司（按：中國婦產科醫院集團）等。

劃重點

　　如何看待固定資產投資？

　　投資決策必須在同風險等級的專案中進行評估和選擇。

　　固定資產除了購買之外，還可以考慮使用租賃的方式獲得。租賃能夠減少企業的短期現金流壓力。

　　融資性售後回租等方法，可以讓固定資產產生現金流。

22 投資就是發現市場的錯誤

　　企業除了可以投資固定資產，還可以投資其他企業的股票。前文討論過的兩面針，就投資了大量中信證券的股票。那麼，要怎麼做才能選對股票呢？

　　關於股票投資，有一個著名的理論叫「價值投資」，就是先透過分析一家企業的財務報告和基本面（包括對宏觀經濟、行業和公司基本情況的分析，例如公司經營理念、策略等），評估這家企業的真實價值，然後和市場上的價格比較。如果其真實價值高於市場價格，那麼這家企業就值得投資。

　　這個思路雖然看起來沒有破綻，實際卻很難執行，因為沒人能準確計算出一家企業的真實價值是多少。

　　小米準備上市的時候，投資銀行（簡稱「投行」）最初估值1,000億美元，發行前下調至500億美元。這兩個數值都是基於專業的財務模型估計出來的，但哪個才是小米的真實價值呢？在經營沒有發生任何重大變化的情況下，小米的真實價值會在短短幾週之內突然減少500億美元嗎？

　　在財務高手看來，無論多專業的財務報表分析和財務模型，都無法準確算出一家企業的真實價值。因為前文講過，財務報表

中所有資料反映的都是企業的歷史業績，而估值是對企業未來業績的預期。若用歷史資料預測未來，時間上的錯置，就一定會產生錯誤。

此外，在實際操作中，企業估值很容易被人為干擾。比如，投行往往會為了爭取一個 IPO，迎合企業對估值的期望值。如果小米想要 1,000 億美元的估值，投行就可以把未來預期成長率上調；而如果小米覺得 500 億美元更合適，投行也可以想辦法把成長率下調。班傑明‧葛拉漢（Benjamin Graham）在《智慧型股票投資人》（*The Intelligent Investor*）一書裡提到：將精確的數學公式，與高度不確定的估值假設結合在一起，很容易就會變成一種操縱工具，並用來生成任何人想要得到的任何水準的估值。

葛拉漢是巴菲特的老師，也是價值投資理論的奠基人。他在投資界的地位，相當於物理學界的愛因斯坦、生物學界的達爾文。雖然他創造了價值投資，但是在他眼中，「發現真正的內在價值」這個說法是個偽命題，因為真實的價值永遠是未知的。那麼，在不知道企業真實價值的情況下，投資者要怎麼進行價值投資呢？

葛拉漢認為，投資者根本不需要知道企業的真實價值，只要發現別人定價上的錯誤，就可以賺錢。這就好比你和另一個人在大海裡游泳，突然身後出現一條鯊魚。要想活命，你並不需要知道鯊魚實際的速度，只需要確保自己比另一個人游得快就行了。

橡樹資本管理有限公司（Oaktree Capital Management）董事長霍華‧馬克斯（Howard Marks）就說過：「**投資就是發現市場的錯誤。**」雖然價值投資是建立在對財務資訊和非財務資訊

的分析研究上，但是從操作層面看，分析這些資訊的目的並不是發現企業的真實價值，而是發現別人的定價錯誤。

這個思路之所以比計算企業真實價值的思路有更強的可行性，是因為判斷一個數值是否過高或是過低，比準確預測一個數值容易多了。

所以，**投資並不是我們與自然之間的遊戲**，而是我們與市場中其他投資人之間的博弈，我們只要贏了別人就行。

用反向推導發現定價錯誤

那麼，怎麼才能發現別人的定價錯誤呢？這背後的操作思路叫「反向推導」。

圖3-1　正向推導邏輯

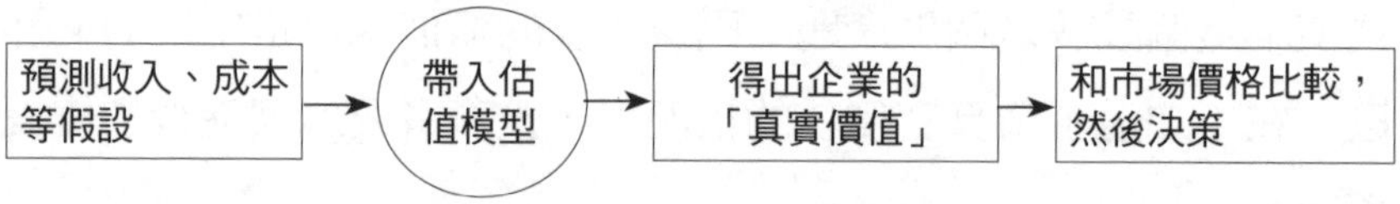

預測收入、成本等假設 → 帶入估值模型 → 得出企業的「真實價值」 → 和市場價格比較，然後決策

圖3-2　反向推導邏輯

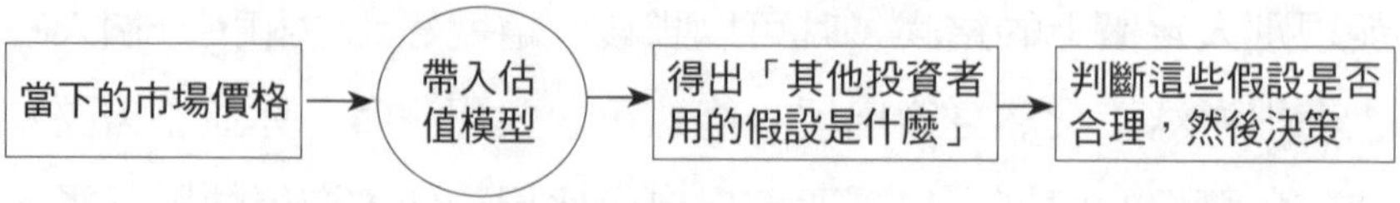

當下的市場價格 → 帶入估值模型 → 得出「其他投資者用的假設是什麼」 → 判斷這些假設是否合理，然後決策

對比圖 3-1 和圖 3-2，我們可以看出正向推導和反向推導在邏輯上的差別。

正向推導是先對企業未來收益、成本等做出預測，然後將這些數值帶入估值模型，得到一個估值，再和市場價格比較。而反向推導則是把當下的市場價格當成估值放入模型中，然後反推出市場得到這個估值背後的假設是什麼。例如，市場給一家企業的估值是 10 億元，將這個數值帶入模型，可以反推出這個估值背後隱含的假設，是 10％ 的預期成長率。之後需要做的，就是判斷企業未來的成長率能否達到 10％。

如果你覺得這家企業未來達不到這個成長率，那就說明市場現在給的價格過高了，那你就不應該買這家企業的股票；如果你覺得這家企業未來成長率會比 10％ 高，那就說明市場給的價格過低，你就應該買入。

在財務管理中，反向推導這種逆向思維方式可以發揮很大的作用。分析財務報表，就是透過財務資訊反向推導出企業背後的經營戰略和情況。例如，對比星巴克（Starbucks）和沃爾瑪 2018 年的財務報告，可以得出星巴克的毛利率是 58.8％，而沃爾瑪的毛利率只有 25.1％，由此可以大致推斷出這兩家企業的競爭戰略。

一般來說，企業有兩種競爭戰略可以選擇──差異化策略和成本領導策略。差異化策略是企業透過向顧客提供獨特的產品和服務，獲得額外的溢價──這樣的企業毛利率通常比較高。成本領導策略是企業藉由加強成本控制，在研發、生產、銷售、服務等環節把成本降到最低，進而成為產業中的成本領先者──這樣的企業毛利率通常比較低。顯然，星巴克走的是差異化策略，沃爾瑪走的是成本領導策略。

　　逆向思維也對企業經營有很大的作用。蒙牛集團（按：中國乳製品企業）在 2000 年的銷售收入只有不到 3 億元，但在 2001年制訂未來五年計畫時，蒙牛集團創始人牛根生竟然將 2006 年的銷售目標訂為 100 億元。很多人認為這個目標非常不切實際，結果 100 億元的銷售目標，在 2005 年就提前實現了。

　　蒙牛集團之所以能提前完成這個目標，就是因為使用了逆向思維。一般企業都是根據市場、產能這些因素來訂定業績目標，而集團創始人牛根生正好相反，他先訂目標，再反向推導，根據目標需要配置資源、調整戰術。

　　事實上，牛根生的逆向思維不僅表現在其財務目標的制定，連他當年創立蒙牛集團的過程，都是一次非常精彩的逆向思維實戰範例。

　　創辦企業的一般思路是，先建廠房、引進設備、生產產品，然後才打廣告促銷。但牛根生提出了「先建市場，再建工廠」的方式，把有限的資金集中用於市場行銷推廣。產品有了知名度，才能有市場；有了市場，再把全國的工廠變成自己的加工廠房。

　　於是，在沒有一頭乳牛的情況下，牛根生用三分之一的啟動資金，在內蒙古呼和浩特鋪天蓋地的廣告宣傳，獲得了很好的廣告效應。幾乎在一夜之間，人們都知道了蒙牛這個品牌。接著，牛根生與中國營養學會聯合研發了新的產品，再與中國多家乳品廠合作，「借雞下蛋」生產蒙牛的產品。

　　蒙牛集團把這種兩頭在內、中間在外，也就是研發與銷售在內，生產加工在外的企業組織形式，稱為「槓鈴型」。透過這種逆向操作，在短短兩、三個月內，牛根生使將近 8 億元的企業外

部資產產生更多價值，完成一般企業要花好幾年時間才能完成的擴張。

檢驗某檔股票定價的合理性

透過反向推導，尋找別人的定價錯誤雖然很好，但是估值需要進行許多預測和假設，例如未來收入、成本、成長率、折現率（discount rate）等。要考慮的角度這麼多，我們怎麼知道別人在哪裡犯了錯呢？會計學研究企業估值的專家史蒂芬·佩因曼教授為我們提供了一種實用的分析思路。

先基於分治策略，把企業估值拆分成三個部分：

企業估值＝投入的本金＋短期價值創造＋長期價值創造

然後，排除決策不相關資訊，也就是將這三個部分中，投資人犯錯可能性最小的部分排除，留下投資人最可能犯錯的部分。

這三個部分的確定性是依次下降的。投入的本金就是企業的帳面價值，在財務報表中可以直接看到。短期價值創造指的是企業未來一、兩年的價值，可以根據近期的會計資訊預測。前兩部分的準確性較高，其他投資者不容易在這裡犯錯，因此它們是決策不相關資訊。

其他人最容易犯錯的地方，也就是你最有機會賺錢的部分，是對未來長期成長的判斷。那麼，如何結合企業當下的股價和財務報表資訊，推算出市場對其未來長期成長率的預期呢？

　　我以谷歌為例，具體展示這個公式是如何應用的。

　　2011 年 5 月，谷歌的股價是每股 535 美元，每股的公司帳面價值是 143.92 美元。分析師預測，谷歌未來一年的價值創造是每股 17.77 美元（即短期價值創造）。

表3-1　谷歌 2010-2012 年的相關財務資訊

單位：美元

	2010 年實際	2011 年預測	2012 年預測
每股收益 [1]		33.94	39.55
每股帳面價值 [2]	143.92	177.86	217.41
資本成本	10%	10%	10%

1 每股收益即「每股盈利」，又稱「每股稅後利潤」「每股盈餘」，指稅後利潤與股本總數的比率。
2 每股帳面價值也叫「每股淨資產額」，是股東權益總額與發行股票的總股數的比率。

　　535 美元減去 143.92 美元帳面價值，和 17.77 美元的短期價值，等於 373.31 美元的長期價值。接下來，我們用佩因曼教授的分析思路，嘗試計算出這背後所隱含，市場對谷歌未來成長率的預期：

企業估值（每股股價）＝投入的本金（每股帳面價值）＋短期價值創造＋長期價值創造

　　2011 年估值＝ 2011 年投入的本金（即 2010 年末每股帳面價值）＋ 2011 年價值創造＋長期價值成長。

其中，2010 年年末帳面價值＝ 143.92 美元／每股。

短期價值創造（即 2011 年價值創造）＝當年每股收益－〔資本成本 × 投入的本金（即上一年年末每股帳面價值）〕／（1 ＋資本成本）＝（33.94 － 0.1×143.92）／ 1.1 ≒ 17.77 美元／每股。

長期價值創造＝當年每股收益－〔資本成本 × 投入的本金（即上一年年末每股帳面價值）〕／〔（1 ＋資本成本）×(資本成本－成長率）〕＝（39.55 － 0.1×177.86）／〔1.1×（0.1 －成長率）〕≒ 21.76 ／〔1.1×（0.1 －成長率）〕。

假設市場價格是每股 535 美元，帶入估值：535 ＝ 143.92 ＋ 17.77 ＋ 21.76 ／〔1.1×（0.1 －成長率）〕成長率≒ 4.7％。

得到這個數字後，你需要判斷的是谷歌的長期成長率能否達到 4.7％。如果你覺得達不到，那麼市場的估值就過高了；而如果你覺得會高於 4.7％，那就說明谷歌的價值被低估了，這時你就可以買進谷歌的股票。

如何判斷長期成長率呢？有幾個維度可以幫你判斷。首先，你可以看谷歌過去的成長率是多少，其歷史成長率是否達到過 4.7％？根據企業生命週期理論，隨著企業進入成熟期和衰退期，成長率會逐漸放緩。其次，可以和行業中其他企業的成長率比較。最後，長期成長率通常不會超過國家 GDP（國內生產毛額）的成長率，這一點也可以作為你的判斷依據。

劃重點

如何看待價值投資？

價值投資建立在企業財務資訊和非財務資訊的分析和研究上。

從操作層面來說，研究企業價值投資的目的，不是為了發現企業的真實價值，而是為了發現別人的定價錯誤。

逆向思維是解決問題、發現創新解決方案的一種方法。

23 ｜ 怎麼選出最賺錢的方案？

　　固定資產投資和價值投資，往往被用於單一專案或股票的投資決策中。除此之外，企業很多時候還需要在多個專案之間比較和選擇。例如以連鎖模式運營的企業，由於單間門市營收能力有限，需要不斷複製擴張，就會經常面臨在哪裡開設新店的決策。

投資收益比較

　　泰康拜博醫療集團有限公司（簡稱「拜博口腔」）在2015～2016年間，就採用快速複製的策略，新開了近百家連鎖診所。假設拜博口腔現在要再開一家新診所，且有兩種備選方案（以下資料經過處理，不代表拜博口腔的真實營業情形）。

　　一個方案是將新診所開在北京。北京人口密集，預計新診所每年獲得的收益（自由現金流）可以達到100萬元。但是，在北京開診所的成本很高，要投資800萬元，預計能運營三十年。

　　另一個方案是將新診所開在天津。天津診所每年收益預計只有50萬元，但是開診所的成本低，只要投資300萬元，預計能運營二十年。

你會選擇哪個方案呢？

通常的決策方法是，分別計算兩個項目的收益，然後選擇收益更高的那個。

假設北京專案的資金成本是 10%，也就是說，資金提供者要求 10% 的回報率，而天津項目只要 8% 的資金成本。根據：

淨現值（net present value）＝投資所產生的未來現金流的折現值－投資成本

我們可以分別計算兩個項目的收益：

$$北京專案收益的淨現值＝\frac{100\,萬}{(1+10\%)}+\frac{100\,萬}{(1+10\%)^2}+$$

$$\frac{100\,萬}{(1+10\%)^3}+\cdots+\frac{100\,萬}{(1+10\%)^{30}}-800\,萬=142.69\,萬（元）$$

$$天津專案收益的淨現值＝\frac{50\,萬}{(1+8\%)}+\frac{50\,萬}{(1+8\%)^2}+\frac{50\,萬}{(1+8\%)^3}$$

$$+\cdots+\frac{50\,萬}{(1+8\%)^{20}}-300\,萬=190.91\,萬（元）$$

北京專案收益的淨現值是142.69萬元，天津專案收益的淨現值是190.91萬元。這樣看來，拜博口腔應該在天津開新診所。

但是，這是普通財務人員做決策的方式，財務高手至少會多考慮兩個維度：溢出效應和長短期項目之間的平衡。

投資的溢出效應

　　投資中的溢出效應，指的是新專案對企業其他現有專案或外部事物產生的影響。它對投資決策的影響非常重大。

實例思考

　　當年的「藍色巨人」IBM 錯失了個人電腦（PC）這個超級市場，被蘋果公司搶得先機，就是因為 IBM 在考慮個人電腦項目的投資時發現，一旦推出個人電腦，勢必會影響大型電腦（mainframe computer）的銷量。而那時 IBM 靠著賣大型電腦，每年的進帳可以達到 72 億美元。因此，個人電腦的計畫就一度被擱置了。

　　還有 2011 年轟動一時的大連 PX 事件。PX，也就是對二甲苯，是一種化工原料，被用來生產塑膠、薄膜，若 PX 被暴露在空氣裡或者遇水，就會造成嚴重的汙染。因此，製造這種原料的化工廠需要建在距離城市 100 公里以外的地方，但此次事件中的廠房，卻建在了距離大連市僅僅 21 公里的地方。最後，這個項目被勒令搬遷，企業為此額外支出了一大筆錢。這筆支出降低了項目整體的收益。這部分影響，就叫「溢出效應」。

　　溢出效應有兩種，一種是負向的，比如 IBM、PX 事件；另一種是正向的，也就是項目之間的「協同效應」，又稱為加乘作用。

例如舉辦上海世界博覽會，不僅對上海有益，還可以帶動周邊城市的經濟效益，這就是世博會的協同效應。再比如，迪士尼公司投資拍攝《星際大戰》（*Star Wars*）系列電影，不僅能獲得票房收益，還會吸引更多人去迪士尼樂園遊玩，《星際大戰》的周邊產品銷量也會增加。這就是這部電影的協同效應。

還有一種屬於競爭對手之間的協同效應——麥當勞總開在肯德基附近、同類型餐廳的一條街、花市等等。競爭對手在空間上聚集，能引來更多的客流量，讓所有商家都能賺到更多的錢。

所以，在做投資決策時，需要計算的不是新專案未來的絕對收益和成本，而是考慮溢出效應之後的增量收益或增量成本。

基於這個思路，我們再檢視一次拜博口腔這兩個備選方案的收益。假設天津新診所的一些治療方法會引進新技術，選擇了新技術的患者就不會再去老診所了，這會讓老診所每年減少20萬元的收益。所以，在天津開新診所的實際收益是30萬元。

而北京新診所採用的新口腔技術可以同時提供給老診所，讓老診所每年額外增加20萬元收益。那麼，新診所的實際收益就從100萬元變成120萬元了。

現在我們再次計算一下兩個項目的收益：

$$\text{北京專案收益淨現值} = \frac{120\,\text{萬}}{(1+10\%)} + \frac{120\,\text{萬}}{(1+10\%)^2} + \frac{120\,\text{萬}}{(1+10\%)^3}$$

$$+ \cdots + \frac{120\,\text{萬}}{(1+10\%)^{30}} - 800\,\text{萬} = 331.23\,\text{萬（元）}$$

$$\text{天津專案收益淨現值} = \frac{30\,\text{萬}}{(1+8\%)} + \frac{30\,\text{萬}}{(1+8\%)^2} + \frac{30\,\text{萬}}{(1+8\%)^3}$$

$$+ \cdots + \frac{30\,\text{萬}}{(1+8\%)^{20}} - 300\,\text{萬} = -5.64\,\text{萬（元）}$$

北京新診所的淨現值是 331.23 萬元，天津診所的淨現值是負 5.46 萬元，北京診所的收益顯然高於天津。在考慮溢出效應之後，決策便反轉了，應該選擇在北京再開一家新診所。

投資回收期平衡

那現在，拜博口腔可以決定投入 800 萬元在北京開新診所了嗎？還得等一等。800 萬不是個小數目，我們還要思考另外一個重要維度——多長時間能把這筆錢收回來？

對企業來說，保持資金流動性很重要。回收期越長，資金流動性風險就越高。我們先算算這兩個方案的投資回收期，也就是資金回流的速度。為了簡化計算，這裡暫時不考慮折現率。

北京診所投資 800 萬元，每年收益 100 萬元，需要八年才

能回本。天津診所投資 300 萬元，每年收益 50 萬元，只要六年就能回本。如果只考慮投資回收期，那麼拜博口腔就應該選擇在天津開新診所。

比較投資回收期其實是一種保本分析（按：保住本錢，避免受損，相較之下更考慮避免虧損而非獲利），更值得考慮的是專案的風險和收益的下限。真實世界一定比虛擬的舉例更加複雜。有些專案，企業明知道回收期長，但是基於戰略考量，還是會投資。如果不投的話，就等於把未來拱手讓人。

在這種情況下，企業如何確保財務的健康呢？

有一種解決方法是用短期項目的收益來補貼長期項目的投入，財務高手會通盤考慮不同週期專案之間的平衡，也就是「專案組合管理」問題。

例如，中國的萬達集團（Wanda Group）雖然以開發商業房地產著稱，但商業房地產投資金額大、週期長、回報低，萬達集團需要透過開發住宅房地產，抵銷商業房地產這種長週期專案的風險，同時讓資金「滾動」起來。

因此，從財務角度看，能賺快錢的專案未必是首選。企業是可以選擇週期長、風險大的投資項目的，但前提是有足夠多的短期項目，能對抵這些長期項目的風險。

影響投資決策的非財務因素

財務思維的基礎是會計和量化，再上一層，是**戰略視野**。

真實世界裡的投資決策並不都總是為了財務目標，更多時候

是為了企業戰略需要。

以 eBay（按：全球拍賣購物網站）為例，用戶在 eBay 上買東西，都會用 PayPal（按：第三方支付平臺）來轉帳付款，而 PayPal 是 eBay 在 2002 年花了 15 億美元買來的。在此之前，eBay 其實有自己的支付系統，並且投入了鉅資培育，還企圖和 PayPal 競爭。那麼，為什麼 eBay 最終放棄了自己的支付系統，反而高價併購了競爭對手 PayPal 呢？

因為當時 eBay 發現，有 70％的交易都是使用者透過 PayPal 付款。支付系統對 eBay 這樣一家線上電商平臺的重要性不言而喻，如果 PayPal 被競爭對手買下，後果將不堪設想。所以無論代價再大，戰略上也必須將其收購。

在這方面，我還有一段親身經歷。我曾在一家在美國上市的中國公司擔任獨立董事。這家公司當時正在考慮私有化，也就是透過回購公司的所有股票，從資本市場下市。單純從財務角度看，回購的成本越低越好，也就是應該盡量壓低回購的價格。當時公司為了私有化引入的基金，希望以大約 5 美元每股的價格回購股份。然而，這樣做有一個很大的問題：在公司最困難的時候，一些高階主管和老員工，曾經在每股股價 8 美元時，自掏腰包購持了公司股票，如果以 5 美元每股的價格回購，就會讓很多員工虧錢。這些員工都是從公司成立時就和公司並肩作戰的老員工，這樣做，傷的不僅是他們的錢包，更是他們的心。

公司最後決定，以一個中間價格私有化，並對一些老員工有額外的補償。這個結局，雖然從財務角度看並不是一個最優的決策，卻使公司挽回了員工的心。

劃重點

在投資專案之間做選擇時，需要考慮什麼？

需要考慮專案的溢出效應以及長短期項目之間的平衡。

投資決策的基礎是財務決策，但也需要考慮戰略需要。

24 | 財務高手如何量化風險？

　　談到投資，就不可避免的要提到風險。很多人認為，玩財務的人都很保守，害怕風險。事實上，財務怕的不是風險本身，而是風險上的盲目。

　　有一個小故事，說的是一間屋子裡有金子，還有一顆定時炸彈。財務新手覺得，如果運氣好，自己就能在爆炸前把金子取出來；如果運氣不好，自己就完了！而財務高手會認為，雖然不知道炸彈什麼時候爆炸，但透過分析可以確定，3 分鐘之內一定不會爆炸，只要在這之前取出金子就好了。

　　由此可見，財務高手在做投資決策之前重要的步驟之一，就是**預測和量化風險，盡可能做到心裡有數**。他們通常會從「點、線、面」三個角度來分析風險。

點分析

　　「點分析」也叫「保本分析」，就是分析項目的保本點是多少。保本分析經常被用來評估銷量，例如企業準備投資 100 萬元生產太陽眼鏡，每副眼鏡售價 100 元。企業就需要評估：賣多少

副眼鏡才能回本。

為什麼財務會最先關注保本點呢？

心理學家丹尼爾・康納曼（Daniel Kahneman）發現，人們對損失和獲得的敏感程度是不同的，損失的痛苦要遠遠大於獲得的快樂。而敏感度最高的點，就是從虧損到收益的轉捩點，也就是保本點。康納曼的這個發現叫作「展望理論」（prospect theory），他因此獲得了2002年的諾貝爾經濟學獎。

這個理論在財務中也得到了印證。1968年，雷・鮑爾（Ray Ball）和菲利普・布朗（Philip Brown）兩位教授就研究過美國上市公司的盈餘公告。他們把企業分成虧損和盈利兩組，發現每1美元虧損造成股價下跌的程度，幾乎是每1美元盈利帶來的股價上漲幅度的兩倍。也因此，企業特別留意避免虧損。

一些研究發現，企業每年的盈利目標有三個層次。第一個層次是保證不虧損，第二個層次是超過前一年同期的盈利水準，第三個層次則是超過證券分析師的預期。保證不虧損，是企業最基礎的目標。

你可能認為，每家企業在投資前一定會做保本分析這個基礎分析。實際上，很多處在快速擴張階段的企業常常會忽略這一點。我在2010年夏季的達沃斯論壇（Davos Forum，世界經濟論壇）上訪問過無錫尚德太陽能電力有限公司（簡稱「無錫尚德」）的創始人施正榮。當時，這家企業正頭頂「中國最大太陽能企業」的光環，業務發展得非常好，正在急速擴張產能。我問過施正榮，擴張背後的風險有多大，他是否計算過要消化這些產能需要多大的市場規模和銷售額支撐，又是否看好市場的未來前

景。那時候的施正榮對無錫尚德的前景非常樂觀，認為企業處在擴張期，最重要的就是多投入。

但太陽能並不是能夠自我維持的產業，所謂的熱銷，都是建立在政府巨額補貼下的，一旦政府補貼下降，市場自然就冷清了。結果，2008 年全球金融危機，中國政府縮減了對太陽能產業的補貼，無錫尚德的銷售量大幅下跌，大量的原材料和產品過剩，使其最終以破產重組告終。

線分析

對於很多投資項目來說，僅考慮保本點是不夠的，因為點分析有兩個問題無法解決。

第一，有的專案明知道財務上是虧損的，但是出於戰略需要必須投資。比如前幾年網路上出現的千團大戰，各個團購網站為了在競爭中勝出，都大量的補貼用戶。這些企業顯然對「燒錢」所產生的虧損是有預期的，這時候做保本分析就沒有意義。企業需要量化和評估的風險是最多可能虧多少。

第二，在財務高手眼中，投資風險指的不僅是損失的可能性，更是結果的「波動性」。

美國學者小亞瑟・威廉斯（Chester Arthur Williams Jr.）和理查・漢斯（Richard M. Heins）在《風險管理與保險》（*Risk Management and Insurance*）這本書裡，把風險定義為「在固定的情況下和特定的時間內，那些可能發生的結果之間的差異」。

也就是說，只要實際結果和預期結果出現偏離，無論是正向

偏離（比預期做得好）還是負向偏離（比預期做得差），都是風險，也都需要管理。

　　大多數人只會對負向偏離感到緊張，但是財務高手會意識到，**正向偏離也是一種風險，同樣需要量化和管理**，為什麼呢？

　　假設企業今年的盈利目標是 2,000 萬元，實際盈利 4,000 萬元。大家都會歡欣鼓舞，但財務主管可能會眉頭緊鎖，因為分析師和投資者都是基於企業今年實際達到的業績，來設定明年的業績預期的。今年衝得太猛，就會大幅提升投資者對未來業績的預期，明年只能比今年賺得更多。這樣下去，業績目標就會越來越難達到，企業在保證利潤的可持續性上，就會遭受巨大的挑戰。

　　我們在工作中也會遇到類似的情況。比如你是一名銷售員，今年你的業績特別出色，大幅超過預期目標。雖然你得到了更多的年終獎金，但公司也可能將你明年的銷售目標向上調整，讓明年的工作壓力大幅增加。

　　如果不想背負越來越大的壓力，該怎麼辦呢？有一個辦法是「預期管理」，即刻意壓低今年的銷售額，降低明年的期望值。事實上，企業也會進行類似的業績預期管理。卡爾·貝德曼（Carl Beidleman）教授研究發現，企業在業績超常發揮的年份，會刻意壓低報表上的利潤，把它轉移到虧損年分，使財務報表盡可能反映出持續、穩定的盈利趨勢。約翰·葛拉漢（John Graham）等人在 2005 年調查了 401 名財務主管，其中 96.6% 的人表示，他們更偏好平滑的利潤成長。因為平滑的收益會向投資人和合作夥伴釋放出「這是一家業績穩定的企業」的信號。這有助於企業獲得更高的資本市場估值和更低的債務融資成本。

所以，**企業不僅應該關注利潤的可持續性，還應該關注利潤的穩定性**。要盡可能讓利潤平滑成長，而不是像心電圖那樣，一會出現一個高峰，一會又出現一個低谷。利潤的平滑成長對企業而言非常重要。

正向偏離需要管理的另一個原因是，企業的經營活動通常不是由一個部門獨立完成的，而是需要部門之間的合作。某個部門的超常發揮，可能導致與其連動的部門跟不上腳步。從企業整體角度出發，這樣的結果不見得是最好的。

聚美優品就發生過這個問題。2013 年，聚美優品在三週年年慶期間舉辦了大型促銷活動。由於活動前低估了銷售量，技術部門沒有做好相應準備，導致促銷活動剛開始 6 分鐘，官網就崩潰了，用戶根本就進不去。聚美優品最後只能把原計畫只舉辦一天的促銷活動延長為三天，多讓利給消費者的這兩天，顯然會給聚美優品造成經濟上的損失。

而像天貓雙 11 購物節這樣大規模的促銷活動，事前進行風險量化和壓力測試就更加重要了。阿里巴巴的運營部門需要預測的不僅是保本的交易量，更重要的是交易量的上限。預測最高交易量不僅能讓其他部門，比如技術、系統維護、物流、售後服務等做好協同配合，提前做好準備，還能安排充足（甚至過多）的資源，避免系統崩潰、客服人力不足等直接影響客戶體驗的風險發生。

所以，風險量化關注的不是損失，而是和預期偏離的可能性。從財務角度來看，一個專案預期收益的最好情況和最壞情況之間的波動性越小，風險就越低。這種對最好情況和最壞情況區

間的預測，就叫「線分析」。

線分析，共分為三個步驟。

第一步，找到最影響投資決策的那些核心指標，例如價格、銷售量等。

第二步，對每項指標預測三種情況：一般情況、最壞情況和最好情況。其中，最好情況和最壞情況的臨界數值，可以為決策者提供可能的風險範圍。

第三步，分析在最好情況下和最壞情況下的投資結果差異。如果兩種情況的結果比較接近，就說明這個項目收益的波動性小，也就代表這個投資項目的風險較小。

假設一副太陽眼鏡，在一般情況下賣 100 元，在最壞的情況下打 8 折，降價到 80 元，在最好的情況下能賣到 120 元。這就形成了價格最好情況和最壞情況的區間。線分析假設當一個因素（例如價格）改變時，其他影響投資收益的因素是恆定不變的。我們從右頁表 3-2 中可以看到，最壞情況和最好情況之間的利潤相差了 40 萬元。

面分析

你可能已經看出來了，線分析有一個很大的問題，就是只考慮單個因素的最好和最壞情況，卻沒有考慮多因素之間的聯動關係。經濟學原理告訴我們，在完全競爭市場中，價格和銷量是成反比的。降價策略通常會帶動銷售量，而漲價策略會對銷量造成負面影響。面分析就是線上分析的基礎上改進，考慮了多個因素

表3-2　太陽眼鏡銷售的「線分析」

	一般情況	最壞情況	最好情況
單價（元）	100	80	120
銷量（件）	10,000	10,000	10,000
單件成本（元）	60	60	60
利潤（萬元）	40	20	60

之間的聯動問題。

　　回到上面的例子。假設太陽眼鏡降價到 80 元時，銷量預計會上漲到 1.2 萬件；提價到 120 元時，銷量會下降到 0.8 萬件。此外，預期銷量的變化可能也會影響產量和單副眼鏡的成本（例如產量少的時候，由於每件產品需要承擔更多的固定成本，單件的生產成本會上升）。我們將這三個因素同時放在一起考慮，就可以重新計算出最壞情況和最好情況下的利潤了。這時，如下頁表 3-3 所示，兩者間的差異縮小到 14 萬元了。

「做有意義的冒險」

　　風險量化對投資決策十分重要，不過，即使在充分識別、量化、評估風險之後，有著不同風險偏好的決策者，往往也會做出不同的選擇。比如，在千團大戰時，拉手網（按：中國團購網站之一）曾經最為激進，大肆燒錢張貼廣告，甚至一夜之間開通 100 個城市的服務據點，讓同行都吃了一驚。而美團網用的則是穩健的擴張方式，非常講求投資報酬率，盡可能用免費方式推

表3-3　太陽鏡銷售的「面分析」

	一般情況	最壞情況	最好情況
單價（元）	100	80	120
銷量（件）	10,000	12,000	8,000
單件成本（元）	60	55	65
利潤（萬元）	40	30	44

廣。美團網創始人王興說過：「對於大趨勢的判斷並不難，重點是判斷後能不能守得住底線。」

　　無論業務決策偏激進還是偏保守，財務方面的決策要始終保持理性。美國有一句著名的企業家宣言，叫「有意義的冒險」。企業家關注冒險，而財務需要做的是量化這個「意義」的尺度，從而給企業家或其他決策者提供最合理的建議。

劃重點

　　如何量化投資的風險？

　　投資前需要進行風險評估。風險量化有「點、線、面」三種方法。

　　風險量化關注的不僅是負面風險（即負向偏離），正面風險（即正向偏離）也同樣需要量化和管理。

　　投資決策跟決策者自身的風險偏好有關。

25 | 實物期權，降低試錯成本

　　近年來，越來越多的企業會在上市後，透過併購行業內其他企業的方式擴張。例如愛爾眼科醫院集團股份有限公司（按：中國連鎖眼科診所，簡稱「愛爾眼科」）在 2009 年上市之後，就希望透過併購一些有潛力的小診所，謀求更大的規模和發展。

　　傳統的併購方式一般由企業作為主體，直接買下這些診所。但是這樣做，會計上通常就會要求合併報表，也就是說，這些診所未來的收入和損失都會算在併購方的財務報表裡。而小診所成立的時間往往不長，未來能否帶來收益，有非常高的不確定性。如果現在就冒險買下這些診所，未來這些診所出現虧損時，併購方就會跟著遭殃。

　　失敗的併購案例比比皆是。例如在 2016 年，宜通世紀科技股份有限公司（Eastone Century Tech，簡稱「宜通世紀」）以10 億元併購了一家叫倍泰健康的企業。結果，2017 年，倍泰健康的業績開始快速下滑。根據宜通世紀的財務報告，到 2018 年上半年為止，倍泰健康已造成宜通世紀近 5 億元的損失。為了防止虧損進一步擴大，2019 年底，宜通世紀宣布擬以 1.7 億元的低價，將倍泰健康出售給珠海橫琴玄元八號股權投資合夥企業。

不併購，企業就會錯過擴張機會，併購又會面臨很大風險。那麼，企業能用點、線、面分析法量化這類併購的風險嗎？很難，因為這類併購物（例如創立不久的小診所）的不確定性往往非常大，投資前很難判斷出風險到底有多高。那類似愛爾眼科的企業要怎樣做才能降低併購的不確定性呢？

實物期權創造投資彈性

有一種解決方法，就是在設計投資方案的時候，想辦法創造「實物期權」。

實物期權的理念非常重要，它代表投資領域中的一次思想革命。1998年，提莫西・盧爾曼教授（Timothy Luehrman）先後發表了兩篇關於實物期權的文章。他認為，傳統投資決策思維最大的缺陷是從靜止的角度看問題。一個項目，要麼現在就投，要麼永遠不投。

但是，當投資標的不確定性很高的時候，正確的方式應該是從動態的角度分析決策，增加投資的靈活性和彈性，想辦法加入中途調整的權利。這種權利，就是實物期權。

換句話說，傳統的投資理論認為，專案投資就像賭場裡的輪盤。一旦輪盤開始旋轉，玩家就無法干預和改變結果，輸贏全靠運氣。而實物期權理論認為，專案投資更像是一場撲克遊戲。運氣雖然有一定的影響，但是玩家在遊戲過程中會不斷獲得新的撲克牌，還可以根據對手出的牌來即時調整自己的策略。

投資專案中途調整的方式很多，常見的包括推遲投資、追加

投資、放棄投資等。它們在實物期權中對應的就是──延遲期權、擴張期權和放棄期權。

愛爾眼科就採用「延遲期權」策略，有效的延遲了併購的決策時間，盡可能消除併購前的風險。具體是怎麼做的呢？

愛爾眼科找了一些私人股權投資機構，聯手成立了多家併購基金，專門針對未來有可能被愛爾眼科併購的眼科診所投資。與私人股權投資機構合作的好處有很多：一方面，愛爾眼科能夠充分利用這些專業投資機構在搜尋目標、培育和管理方面的資源，快速捕捉高品質的投資目標；另一方面，機構的精心篩選和培育，有助於改善併購目標的經營管理，降低愛爾眼科未來併購失敗的風險。

愛爾眼科透過基金投資，用少量資金提前鎖定了未來想要併購的診所，同時在「孵化期」觀望這些診所，有效的延遲了併購的決策時間。等診所發展前景較為確定，開始穩定盈利的時候，再執行併購，將其納入上市公司體系內。那些沒有熬過培育期的診所，就被留在體系外自生自滅了。

從財務視角看，這種「上市公司＋私人股權投資」的模式不僅能降低併購風險，還有兩個額外的好處。

首先，併購基金是愛爾眼科和其他投資人共同設立的，所以愛爾眼科只需要出一部分錢，就能動用更多的資金，投資更多的診所。這種投資策略十分常見。

其次，這個方法對提高愛爾眼科的市值很有幫助。愛爾眼科只會選擇那些培育成功的診所併購，將其納入財務報表，所以，愛爾眼科的財務報表只會越來越好看。另外，併購這些優質的診

所不僅可以提升愛爾眼科的利潤，還能增加資本市場對愛爾眼科未來業績成長的預期。資本市場是有放大作用的，企業每增加一元的利潤，在資本市場上乘以本益比，市值就放大了幾十倍。因此，納入愛爾眼科財務報表的每一元利潤，其實都值幾十元。

這種操作事實上是一種很聰明的市值管理方法。只要愛爾眼科投資的所有診所中，成功和失敗的比率不太失衡，那些成功專案經過資本市場放大後帶來的收益，就足以填補虧損項目帶來的損失了。

愛爾眼科的年報顯示，透過這種方式，到 2018 年底，愛爾眼科在國內投資了三百多家醫院和門診部，納入合併財務報表範圍的子公司共計 143 家。

延遲期權策略增加了高風險項目的投資彈性，這幾年很受上市公司歡迎。中國 2014 年新修訂的收購相關規定，也鼓勵企業設立併購基金。據統計，2011 年中國僅有兩家併購基金成立，而到了 2016 年底，中國併購基金數量達到了 759 家。塔里克・德里奧奇（Tarik Driouchi）和大衛・本內特（David Bennett）這兩位學者透過研究發現：實物期權的決策方式，對提升企業績效水準有長期的作用。

延遲策略也被應用在人力資源投資方面，例如足球俱樂部對球員的投資。培養年輕球員儲備力量，是足球俱樂部（例如曼徹斯特聯足球俱樂部，Manchester United F.C.，簡稱「曼聯」）很重要的一項投資，但每個年輕球員都能成為梅西嗎？顯然不是的，而且這在事前很難判斷。曼聯作為一家上市公司，不會直接和某個年輕球員簽約，而是會先把他放到曼聯青年隊裡訓練和評

估，等他達標了才會把他納入正式隊伍。

除了延期期權，擴張期權和放棄期權也是打造投資彈性的常見策略。石油探勘是大型且複雜的系統工程，通常具有高投入、高風險大、高回報的特點。因此，石油探勘的投入通常會分階段進行。石油企業獲得階段性的資料和資訊（例如油田的規模、成功機率等）後，才能評估預期的風險與回報。如果上一階段的探勘結果可觀，產油區具有經濟價值，石油企業就會擴大投資，開發此處資源，這就是擴張期權。如果預期回報不樂觀，石油企業就會放棄這個項目，這就是放棄期權。

企業為了增加中途調整投資的靈活性，通常會在一開始就做好相對應的準備。例如寶馬（Bayerische Motoren Werke AG，簡稱 BMW）曾經在美國南卡羅來納州建造工廠，用於生產運動型跑車。然而，當時寶馬有前瞻性的預見到，日後消費者對車型的偏好可能會發生變化，這間工廠可能會被用來生產其他的車型。如果建造工廠的時候沒有考慮到中途調整的可能，那麼後續切換產品會非常困難。因此，寶馬決定花更多的資金來打造更靈活的、可以生產不同類型車輛的工廠。

後來，市場情況確實發生了變化，對運動型跑車的需求有所下降，對越野車的需求卻大幅增加。好在寶馬提前做了布局和安排，這間工廠也迅速切換成越野車的生產模式，並為寶馬創造了高額收益。而這份收益，正是由寶馬在建立工廠時的靈活性所帶來的。

實物期權降低試錯成本

從財務角度看，實物期權思維的價值不僅是規避風險，還從根本上降低了企業的試錯成本，讓企業敢放開手腳，不斷開拓和嘗試新的領域。

實例思考

最典型的就是高科技公司思科（Cisco）。作為全球領先的網路硬體企業，思科最擔心的從來不是和朗訊（Lucent）、貝爾（Bell）等大企業的正面競爭，而是顛覆性技術的出現。顛覆性的新技術通常會出現在新創企業中，思科若想保持龍頭地位，就必須地毯式搜索和併購新技術企業，但又擔心它們的財務情形會影響自己的財務報表和在資本市場的表現。

思科是怎麼做的呢？它找了世界頂級的風險投資公司——紅杉資本。思科利用自己的技術眼光和資源網路，發現值得培育的新技術企業，然後透過和紅杉資本共同成立的基金投資專案。如果培育成功，思科就買入這些企業；如果培育失敗，就把那份投資當作投資的成本。

所以，思科的成長史就像一部高科技行業的併購史。在過去二十多年中，思科就是基於實物期權這種投資策略，沒有後顧之憂的捕獲新的顛覆性技術，並同時保持自己在市場的領導地位。

實物期權的局限性

實物期權的投資策略，能夠有效幫助企業降低投資風險，但是所有專案都適用這種策略嗎？

彼得‧提爾認為，網路公司的投資非常適合實物期權策略，因為網際網路就是靠數據驅動的，而良好的網路企業的數據，都是呈曲線成長的。投資人根據數據的階段性變化，很容易判斷出專案是不是已達到了階段性目標。

例如騰訊投資滴滴出行（按：中國網路預約出租車服務商），用的就是實物期權策略。透過清科私募通（按：中國創業投資及私人股權投資資料庫）查詢可得知，騰訊在 2013 年 4 月先向滴滴出行投資了一筆錢；2014 年 1 月，隨著滴滴出行用戶量的增加，騰訊追加了一筆投資；2014 年 12 月，騰訊又再追加了一筆投資。

但是有些行業和企業的發展狀態是二元型結構。在達到關鍵里程碑之前，企業可能一直都沒什麼價值，一旦突破關鍵里程碑之後，企業就會發生本質上的改變。

這個關鍵節點，可能是某個技術突破，例如生物科技相關的新創企業，在達到成功應用新技術的前後，企業價值差異相當巨大；也有可能是行業門檻，例如電動汽車，得有 200 億元的初始投資才可能進入量產階段，而在進入量產階段錢之前，這類企業的價值並不大。

二元型結構的企業由於階段性成果不明顯，一般來說不適用實物期權的方法。當然，現在很多投資機構還是會想辦法為這類

專案人為設立階段性里程碑，但階段性成果其實很難量化。此外，如果投資人基於實物期權的思路投資這類企業，其實隨時準備撤出，就可能會讓合作雙方的承諾效力降低，合作信心也會被大大削弱。

劃重點

如何應對高風險的投資專案？

可以使用實物期權的思維，增加投資的靈活度和彈性。

基於實物期權的投資方式，可以減少投資的試錯成本。

基於實物期權的投資方式，更適合那些階段性里程碑能夠清晰定義的項目。

26 | 風險共擔，等於利益綑綁

前文介紹了量化和降低風險的種種做法，但本質上，這些風險還是企業自己承擔。而財務高手懂得，並不是所有風險都需要企業一肩扛起，還可以利用一些策略來轉移風險。

風險轉移是一種重要的財務思維，也是企業風險管理的一個重要部分。

經營風險轉移有一些常見的方法，包括簽訂長期合約、利用風險金融工具，以及購買保險等。

方法一：簽訂長期合約

對於生產型企業來說，最大的經營風險是原物料價格的波動。有研究發現，生產型企業的原物料採購成本，平均占了其銷售額的 60％～80％。前文說過，投資者期望的企業利潤，並不是能在某一年突然高漲，而是穩定且持續發展的。原物料成本的波動和提高，會直接影響企業利潤的穩定性和可持續發展性。

也許有人會問，如果預期到原物料的價格要上漲，為什麼不乾脆多囤一點庫存呢？這當然也是企業會用的一種方法，但是囤

積原物料的做法有很多限制，比如會占用大量資金、倉庫空間，這些被占用的資源都是有其機會成本的。此外，有些原物料並不適合大量囤積，例如生產番茄醬的企業，其主要原物料就是番茄，但番茄顯然是無法長期囤積的物品。

當企業預見原物料價格未來會大幅上漲時，就可以和供應商簽訂長期合約，把未來的採購價格限定在合理的範圍內，就能有效抑制價格波動的風險。

這個方法很容易理解。就好比你要租房，如果你預計到未來幾年房價將會大幅上漲，就可以跟房東商量，以現在的租金簽訂長期租屋合約。有些房東為了獲得穩定的租金收入，同時避免更換租客的麻煩，其實也願意這樣合作。

需要注意的是，簽訂長期合約雖然是一種穩定原物料價格的好方法，但背後隱藏了一個重大風險，就是企業對未來價格走勢的判斷是否正確。

無錫尚德就曾經因為誤判原物料的價格走勢，付出了慘痛的代價。2005～2007年間，中國的太陽能發電產業發展迅速，美國和一些歐洲國家都對其投入大量補貼，大幅刺激市場對太陽能的需求，無錫尚德也因此進入了快速發展期。

隨著企業開始急速擴張太陽能板的生產，對其原物料「多晶矽」的需求也因此大增。同時市場需求的擴大，吸引了眾多企業進入太陽能發電領域競爭，導致多晶矽的價格一路暴漲。無錫尚德為了保證原物料供應和控制價格，在2006年與大型再生能源供應商MEMC公司（現更名為Sun Edison,Inc.）簽署了60億美元的合約，期限為十年。這樣一來，無論之後市場價格如何上

漲，無錫尚德都可以用低於市場價格的合約價購買原物料了。

　　然而，由於中國內部的多晶矽市場供過於求，再加上全球金融危機，外國政府大量減少對太陽能的補助，多晶矽價格接著暴跌。根據中國產業調查網的研究，多晶矽價格由 2008 年初的每公斤約 400 美元，跌至 2011 年底僅剩每公斤約 35 美元。但無錫尚德仍被這份期限長達十年的合約綁定，不得不繼續以更高的合約價購買原物料。沒等合約到期，無錫尚德在 2011 年 7 月就宣布因承受不了額外成本，單方面終止了合約，並賠償了供應商 2.12 億美元的違約金。

　　簽訂長期合約，其實就相當於一場賭博，這非常考驗企業對未來趨勢的預測能力。押對了趨勢，企業就能賺到錢；押錯了，企業就可能會付出巨大的代價。

方法二：利用風險金融工具

　　那麼，有什麼更好的方法，能夠讓企業對原物料的未來價格漲幅沒有把握時，提前鎖定價格呢？

　　近幾年有一種新的方法，那就是使用商品期權。期權屬於金融工具的一種，國際交換暨衍生性商品協會（International Swaps and Derivatives Association，簡稱 ISDA）調查顯示，世界 500 強企業中，有 94％ 的企業會使用金融工具來控制和對沖商業及金融風險。

實例思考

2017 年 3 月 31 日，中國第一個商品期權類別——豆粕期權誕生了（按：豆粕為大豆提取豆油後餘下的原料，常作為飼料業或食品工業原料使用）。假設一家企業三個月之後需要購買豆粕，又擔心這期間豆粕的價格上漲，就可以買入豆粕看漲期權以避免價格風險。

什麼是看漲期權？

簡單來說，企業如果現在購買了看漲期權，就有權利在三個月之後以現在談好的價格購買豆粕。但是注意，我們在這裡說的是「權利」，而不是「義務」。如果未來幾個月豆粕價格低於合約價，那企業就不需要執行這個期權，可以直接從市場購買。如果未來幾個月豆粕價格上漲，超過了合約價，企業則仍然能以比市場價低的合約價買入豆粕。

與簽訂長期購買合約相比，期權最大的好處在於，它賦予企業以合約價購買的權利，但是企業卻不需要承擔相應的責任。如果價格下降，企業就不需要履行合約，最大損失不過就只是購買期權所支付的權利金，而若簽訂長期合約又未履行，通常會有更高的賠償成本。

期權這個金融工具，還可以被用於匯率風險。國際化程度較高的企業，面臨的最大風險之一就是匯率。例如中國一家 IT 服務供應商，博彥科技股份有限公司（簡稱「博彥科技」），其年

報顯示，公司 2017 年的國外收入占其總收入的 55.31%。這些營業收入都以外幣，如美元和日元結算，但是財務報表需要以人民幣計算。由於貨幣匯率走勢有著一定的不確定性，博彥科技就可能須面對匯率波動的風險，而這也會直接造成利潤的波動。其年報顯示，2008 年，由於沒有管理匯率波動風險，博彥科技當年便產生了 175 萬元的損失。之後，博彥科技開始使用外匯期權、遠期結匯等金融工具來避開外匯風險。

外匯期權和前文講的商品期權類似，也就是博彥科技在支付了一定的期權費之後，可以在約定的未來某個日期或一定時間內，選擇按照合約規定的匯率買進或者賣出一定數量的外匯資產。遠期結匯則是另一種常見的外匯避險金融服務。博彥科技可以與銀行簽訂遠期結匯合約，約定未來結算外匯的幣種、金額、期限及匯率，到期時按合約約定辦理結匯業務，從而鎖定當期外匯結算成本。

方法三：購買保險

除了簽訂長期合約、利用風險金融工具，還有一種風險轉移的方式也很常用，那就是購買保險。企業會購買財產保險、公共意外責任險等保險，其邏輯和我們購買汽車保險是一樣的──透過支付一筆固定費用，把大部分風險轉移給保險公司。

但是購買保險，有時候卻會起反效果。

舉個例子，在美國 95% 以上的上市公司都會購買「董監事暨重要職員責任保險」（directors' and officers' liability insurance）。中

國有一些企業也購買了這種保險，特別是在美國上市的公司。一旦購買了此保險，被保險董事與高級職員在履行公司職責的過程中，若被指控工作疏忽或行為不當而被追究賠償責任時，就會由保險公司代為支付或承擔相關法律費用或民事賠償責任。

這個保險的目的，原本是保護董監事和重要職員的決策自由，不讓他們過度承擔因為不可控因素導致的決策後果，從而鼓勵他們積極、果斷的做出決策。但這麼做，真的能達到預期的效果嗎？我與唐雪松教授曾經合作，專門研究了這個議題。我們利用中國的獨立董事參加董事會的紀錄，以及獨立意見資料，從個體層面上考察董監事與重要職員責任險，對獨立董事行為的影響。根據2004～2012年上市公司的資料，我們發現企業在購買了這個保險後，董事就彷彿進了「保險箱」。既然被訴訟時會有保險承擔，他們的監督積極性反而下降了。不僅參加董事會的頻率有所下降，在企業重大問題上更不願意提出反對意見，甚至有跳槽到其他公司擔任獨立董事的傾向。他們對公司日漸薄弱的監管，導致了公司整體治理水準的下降。

所以，在企業經營中，風險並不是完全沒有益處的，一定程度的「風險共擔」，能夠更有效的將企業管理者和企業利益捆綁在一起。

劃重點

如何看待風險轉移？

風險轉移是企業常用的風險管理方式。

常見的風險轉移方法包括：簽訂長期合約、利用金融工具、購買保險。

在企業經營中，風險並不是完全沒有益處的。一定程度的風險共擔，能夠更有效的將企業管理者和企業利益捆綁在一起。

27 │ 小蝦米吃大鯨魚的併購智慧

　　諾貝爾經濟學獎得主喬治・史蒂格勒（George Stigler）說過：「沒有一家美國的大公司，不是透過某種程度上的併購成長起來的。」

　　併購能讓一家企業在短期內快速發展，甚至實現數倍的規模擴張。前文提過的愛爾眼科，就是透過積極併購大量小型診所，加上輸出自己的管理能力和品牌，快速擴張且獲得資本市場的高估值的。不過，在創業起步階段，我們通常會選擇先開一家店來試水溫，但愛爾眼科的創始人陳邦，卻一開始就在中國的長沙、武漢和成都同時設立了 4 家診所。他是怎麼考慮的呢？

併購擴張的商業模式

　　這個選擇和愛爾眼科的商業模式有關。根據中國衛生健康委員會的統計，眼科、整形外科、口腔是利潤最高的三個醫療領域。不過，雖然眼科的市場需求很大，但是眼科診所單店的收入和利潤有限，很難做到獨立上市。

　　在單店的收入和利潤空間有限或者短期內無法突破的情況

下，如果這個生意想獲得高額的投資收益，就要想辦法增加店面數量，也就是必須走上連鎖擴張模式。

我們可以從投資報酬率的公式看出這個商業邏輯：

$$投資報酬率 = \frac{\sum（每家診所收入 - 成本）\times 診所數量}{投資額}$$

投資報酬率，等於單個診所的利潤乘以診所數量，即愛爾眼科的總利潤，再除以投資額。在單個診所利潤固定的情況下，診所越多，愛爾眼科的投資報酬率就越高。

增加診所數量有兩種方式，一種是自建，另一種就是併購，而後者的速度顯然更快。因此，愛爾眼科自上市後就在中國全國大規模的併購。不僅愛爾眼科如此，其他民營專科診所，例如拜博口腔、佳美口腔（按：兩者皆為中國連鎖牙科診所），以及零售業的便利蜂（按：中國連鎖便利商店）、喜茶（按：中國連鎖茶飲品牌）等，背後的擴張邏輯都是一樣的，這些企業的門市數成長速度都非常驚人。判斷一家企業的複製擴張戰略是否成功，最直接的兩項財務指標，就是「收入集中度」和「利潤集中度」。如果在規模擴張一段時間之後，企業的收入和利潤仍集中在早期開張的那幾家店上，那就說明新店舖貢獻的收益增加非常有限，也就意味著擴張沒有成功。

愛爾眼科早期以自建為主，購買的小診所還處在孵化期，因此，它的營收主要來自核心的 10 家診所。其財務報告顯示，2010 年，這 10 家診所對愛爾眼科的總收入貢獻率，達到 80%；

到了 2014 年，這個比例迅速下降到 55%。這就意味著，完成孵
化的新診所開始作用，愛爾眼科的營收主體已由最早的 10 家診
所，轉變為集團內大多數診所共同盈利了，而這個轉變僅僅只用
了四年時間。這說明愛爾眼科的孵化模式已經逐漸成熟，複製擴
張戰略越來越接近成功。

所以，外部投資人在判斷醫療連鎖模式企業的投資價值時，
十分重視企業的複製擴張能力。此外，投資人還十分重視企業長
期的品牌和人才打造能力。因為醫療服務的缺點始終是其供給
端，也就是高品質醫療人才的缺乏，這是決定一家醫療服務企業
能否持續發展最重要的因素。

過度併購容易「消化不良」

企業在採用併購這種外延式擴張戰略時要注意一點：這種方
式對企業自身的管理能力要求非常高。買進的企業太多，難免
會消化不良，分眾傳媒資訊技術股份有限公司（簡稱「分眾傳
媒」）就是一個典型案例。

分眾傳媒的成功，來自其所開創的全新廣告模式，即在辦公
大樓、公寓大廈、賣場中設置液晶螢幕，並不斷重複播放影片或
數位廣告。這種方式能夠針對中高收入及消費族群精準行銷。

2005 年 7 月 13 日，分眾傳媒作為中國第一支純廣告傳媒股
成功在美國那斯達克證券交易所（NASDAQ）上市。此後兩年
內，分眾傳媒連續併購了六十餘家公司，其資產與營收因此持續
成長。雅虎財經（Yahoo! Finance）的資料顯示，分眾傳媒的股

價從上市時的 18.75 美元一路攀升，於 2007 年 11 月達到 65 美元的高峰。

　　然而，成也蕭何敗也蕭何。2008年，分眾傳媒開始感覺到消化不良。併購活動令分眾傳媒的組織快速擴張，從母公司到子公司，再到「孫子」公司，它面臨的管理挑戰呈指數級增加。

　　2008 年 3 月 15 日，在國際消費者權益日曝光的「簡訊門事件」，分眾傳媒旗下子公司分眾無線，被中國央視曝光是垃圾簡訊製造商和大量發送源頭之一，此事更暴露了分眾傳媒過度併購、管理不足的問題。同時，大規模併購也造成該公司運營成本快速成長，這讓分眾傳媒的業績在 2008 年陷入了低谷。所以說，企業成功在模式，發展卻在管理。

　　2009 年後，分眾傳媒的創始人江南春開始反思此前的併購策略，分眾傳媒進入整體業務調整與收縮的階段。

小企業如何併購大企業

　　無論是愛爾眼科，還是分眾傳媒，它們併購的對象主要是小診所、小企業——大企業買小企業，是最常見的併購情景。但如果一家小企業看上了一家大企業，有可能併購成功嗎？

　　還真有一種方法可以實現「小魚吃大魚」，那就是槓桿收購（Leveraged Buyout，簡稱 LBO）。它是一種特殊的資本運作方式，於 1980 年代風靡歐美國家，備受資本家和投行的青睞。

　　為什麼叫槓桿收購呢？古希臘科學家、發明家阿基米德（Archimedes）曾說過：「給我一個支點，我就能舉起地

球。」槓桿收購的本質，就是企業用很少的自有資金，買下一家規模比自己大很多的企業。

在槓桿收購中，收購方一般只出 10%～20% 的錢，剩下的錢則向外界借貸籌措。這麼龐大的債務，將靠被收購企業未來創造的現金流或者出售資產來償還。

槓桿收購最成功的案例之一，就是 2010 年浙江吉利控股集團（簡稱「吉利集團」）對富豪汽車（Volvo，簡稱「富豪」）的併購。這也是中國汽車業歷史上最大規模的跨國併購案例。

以小博大，躍升為國際品牌

1986 年成立的吉利集團，它靠著低成本與自主創新的優勢高速發展，成為中國汽車十強中唯一一家民營企業。而富豪則成立於 1927 年，比吉利集團早了五十多年。這家企業靠著出眾的產品品質，一度成為北歐最強大的汽車企業。

20 世紀末，福特公司為了提升自己在歐洲高端汽車品牌的形象，戰略性收購了富豪。可惜到了 2007 年，富豪轎車的銷量開始大幅下跌。福特公司自己也一直處於虧損狀態，就想轉賣富豪，改變虧損的現狀。這時候，吉利集團便有了收購富豪的念頭。當時的吉利集團正想從中低階品牌躍升為高級品牌，並從中國市場轉向國際市場發展，併購富豪這個國際知名汽車品牌跟它的企業戰略十分吻合。

但是，吉利集團和富豪的實力過於懸殊。富豪的財務報告顯示，即使在金融危機嚴重的 2008 年，富豪仍保持了 147 億美元

的銷售收入。而吉利集團進入汽車行業不過十幾年，總資產只有30億美元。那麼，吉利集團是怎麼成功併購富豪的呢？

吉利集團估算了一下，買下富豪一共需要27億美元。其中，18億美元用來併購富豪的全部股權，9億美元則用來維持在併購後富豪的經營。在這27億美元中，吉利集團自己只出了25％，還有25％的資金來自中國銀行、中國進出口銀行等銀行的貸款，其餘50％的資金則主要來自美國、歐洲和香港等地的多家境外投資機構。吉利集團就是用槓桿收購的方式，成功的做到「小魚吃大魚」。根據第三方機構估算，收購後的八年間，富豪的市值翻了近十倍。

除了吉利集團收購富豪，還有很多利用槓桿以小博大的成功案例。例如2013年雙匯國際控股有限公司（按：中國豬肉食品企業）併購史密斯菲爾德食品公司（Smithfield Foods，美國豬肉生產與加工企業），成為世界最大的豬肉供應商。還有2006年，太盟投資集團有限公司（Alliance Pacific Group）利用槓桿，成功併購了崑山好孩子集團（按：中國兒童用品企業）。

有研究發現，喜歡利用槓桿收購的企業有一些典型的財務特征，比如現金流充裕，但投資機會有限。此外，這些企業往往多元化程度更高，研發活動等長期投資較少。

私有化中的槓桿效應

運用槓桿「以小博大」的財務思維，不僅對併購有所助力，還能幫助一家上市公司重新變回私營企業。

2011 年，對於在美國上市的中國公司來說，是特別艱難的一年。東南融通（按：中國金融 IT 服務供應商）被爆出財務造假，引發了蝴蝶效應，導致美國投資人和監管機構失去對中國概念股的信任，以致這些公司的股價一路下滑。當股價被低估，短期內挽回無望時，一些公司就開始考慮私有化，也就是從資本市場下市。

管理層通常只持有公司的小部分股份，私有化就意味著管理層要把公司其他流通在市場上的股份全部回購，這就是我們常說的「管理層收購」（Management Buyout，MBO）。但是管理層手上沒有那麼多資金時，怎麼辦呢？

這時候就可以借鑑槓桿收購的思路。管理層只付出收購價格中很小一部分的資金，其他資金透過融資完成。管理層通常會以目標公司的資產為抵押向銀行借款，以獲得資金。

2015 年，中國老牌社交網站「人人網」就使用管理層收購的方式私有化，並從那斯達克證券交易所下市。2016 年，當當網（按：中國購物網站）也透過和中國銀行合作，利用大量銀行貸款，成功從紐約證券交易所下市。

槓桿收購的風險

看到這裡，你可能會覺得槓桿收購實在是太厲害了，既可以讓小企業吞併大企業，還能讓上市公司轉眼變成一家私營企業，那所有企業都應該把這個方法發揚光大啊！但是財務高手會提醒你，槓桿收購背後隱藏著巨大的風險，畢竟其中的高額債務是要

依靠被併購企業未來的現金流來償還的。

　　只有當被併購企業未來經營狀況良好，收益率大於貸款資金利率時，併購才會是賺錢且成功的。假如不幸買了一家未來經營不善的企業，收益不足以償還貸款的利息和本金，併購和背後的槓桿就會成為併購企業沉重的負擔。

　　例如 2007 年，美國私募基金巨頭 KKR 集團攜手高盛（Goldman Sachs）和美國德州太平洋投資集團（Texas Pacific Group，現更名為 TPG 資本〔TPG Capital〕），透過槓桿收購的方式併購了德州公用事業公司（TXU Corporation，現更名為能源未來控股〔Energy Future Holdings Corporation〕）。德州公用事業公司由此搖身一變，成為美國德州最大的電力公司。這次併購的價格高達 450 億美元，堪稱美國迄今為止最大規模的槓桿收購交易。

　　當時 KKR 集團賭的，便是電價將會繼續上漲，這樣德州公用事業的利潤就會持續上升。而電價的漲跌，則取決於天然氣的價格。沒想到，頁岩氣勘探技術的發展速度超出了預期，使天然氣的價格一路下滑。德州公用事業的業績下滑嚴重，債務越積越多，最終申請了破產。因此，在併購前對目標企業未來經營情況做出正確判斷，對於槓桿收購的成功是至關重要的。

劃重點

如何看待企業的併購活動？

併購是企業擴張規模和業務常用的一種方式，併購的效果與企業的管理能力有關。

槓桿收購的本質是利用財務槓桿以小博大，是一種高風險的資本運作方式。

28 | 企業併購過程的灰犀牛：商譽

　　企業的經營活動中隱藏著兩種風險：一種是「黑天鵝」，另一種是「灰犀牛」。黑天鵝指的是那些發生機率極低、極其罕見且幾乎不可預測的事件；灰犀牛指的則是那些經常發生在我們眼前，卻沒有被充分重視的大機率風險事件。

　　灰犀牛，是著名學者米歇爾・渥克（Michele Wucker）在其著作《灰犀牛》（*The Gray Rhino：How to Recognize and Act on the Obvious Dangers We Ignore*）中提出的概念。灰犀牛體型龐大，常給人行動遲緩、體態愚笨的錯覺。你如果在非洲大草原上看到它，通常不會感到害怕。但實際上，灰犀牛的殺傷力非常大，一旦發起進攻，後果將非常嚴重。而我們往往會被它的表象迷惑，而低估了它的風險。

　　我們通常無法預知企業的黑天鵝事件，但財務高手能提前發現灰犀牛事件，並提高警惕、避開風險。

　　上一節講了企業的併購活動，那麼，企業併購活動中的灰犀牛是什麼呢？

　　答案是商譽。

商譽形成的原因

我們先來看看什麼是商譽。

假設我今天買了一家帳面只值 10 億元的公司，但我實際支付了 30 億元的併購價，我為什麼願意多付出 20 億元呢？前文講過，企業實際擁有的資源，要比其財務報表中看到的多，例如社會關係、團隊合作能力等有價值的資源，都沒有被納入財務報表內。我預估這些資源未來將能為企業帶來超過 20 億元的價值，所以我現在願意多支付 20 億元。

但是，會計處理上會產生一個問題：對方帳面上的資產只有 10 億元，合併報表時只能併進來 10 億元，那我真金白銀額外支付的 20 億元怎麼辦？如果不能在我的公司的帳面上反映出來，那帳就作不平了。

根據中國企業會計準則規定，購買方對合併成本中，大於合併中取得的被購買方可辨認淨資產公允價值份額的差額，應當認定為商譽，也就是說，如果併購價格高於對方的帳面價值，這兩者之間的差額，就是商譽。商譽是財務報表上的一個資產科目，而這筆併購會讓我的公司增加 20 億元的商譽。

所以，商譽的大小與買方對被併購企業未來的判斷有關。買方對被併購企業越樂觀，認為它未來能創造的價值越大，買方支付的併購溢價就越高，買方帳面上形成的商譽就越多。因此，高估值、高溢價併購是商譽產生的根源。

在中國的上市公司很喜歡併購，因此在過去這幾年，上市公司的商譽成長速度非常快。根據萬得資料庫的資料，截至 2018

年年底，A股上市公司中有 2,027 家擁有商譽，總金額達到 1.3 兆元，也就是說，平均每家公司約有超過 6 億元的商譽。2018 年的商譽總額較 2014 年成長了約 61 倍。可以說，併購產生商譽這件事，幾乎是時時刻刻發生在投資人眼前的。

商譽減損的原因

那麼，為什麼說商譽是企業併購活動中的「灰犀牛」呢？

因為商譽有很高的機率是個地雷，一旦引爆就會讓收購企業產生大幅虧損，陷入危機。商譽之所以被這樣形容，因為它是基於對未來的判斷估計，非常主觀。當被併購企業不爭氣，使得品質被高估的時候，就會出現這個問題。比如在上一節的例子中，我預計被併購的企業未來能創造 20 億元的價值。但是幾年後，當我發現它創造不了這麼多價值時，它的商譽就不值 20 億元了。這時候，會計準則就要求企業執行「商譽減損」。

當然，併購方也會自我保護，一般都會先和被併購方簽一份為期三到四年的業績對賭協議（按：又稱估值調整協議），要求被併購企業每年達到一定的業績標準，如果無法達成，被併購企業就需要以股份或現金補償。只有當被併購企業同意這個條件，併購方才願意支付商譽溢價。

如果你是被併購的那家企業的負責人，你會怎麼做呢？

有一些企業為了能被眼前的高價收購，會對未來幾年的業績做出非常高的承諾，實際上卻是給買方企業挖了個大坑。有研究發現，被併購企業往往會盡力撐過業績承諾期，之後業績就會開

始大走樣。當然，也有被併購方實在撐不過去，在承諾期還沒結束時，就已經破產的情況發生。這種時候，買方企業就要為此負責，並背上巨額的商譽減損。

　　不幸中計的買方非常多，比如寧波東力股份有限公司（簡稱「寧波東力」），它是中國一間供應鏈管理及相關配套服務的供應商。2017 年 6 月，寧波東力宣布併購深圳年富供應鏈有限公司（簡稱「年富供應鏈」）。年富供應鏈曾經非常風光，是深圳市重點物流企業、深圳市百強企業及中國民營 500 強企業之一。寧波東力 2017 年年報顯示，公司以發行股份及支付現金的方式，花了 21.6 億元購買了年富供應鏈 100％ 股權，並因此產生了近 18 億元的商譽。

　　當時這兩家企業也簽署了業績對賭，寧波東力要求年富供應鏈在併購完成後的三年，要分別達到扣除非經常性損益淨利潤分別不低於 2.2 億元、3.2 億元和 4 億元。沒想到，蜜月期還沒結束，意外就先來了。年富供應鏈被爆出財務造假，隱瞞其真實業績，公司法人代表和一眾高級主管被捕，最終宣告破產。

　　2018 年 7 月 2 日，寧波東力以公告的形式，自爆中了年富供應鏈的計。這個事件對寧波東力的衝擊有多大呢？公告發布三天後，寧波東力的股價跌幅累計已 20％。寧波東力 2018 年半年度業績預告修正公告和半年度財務報告（簡稱「半年報」）顯示，公司原本預計 2018 年上半年淨利潤為 1.1 億～1.4 億元，由於被年富供應鏈拖累，實際虧損了 31.5 億元。

　　商譽慘案年年有，但 2018 年特別多，這主要和 2015 年上市公司大量併購活動有關。當時市場喜歡炒作併購重組概念，上市

公司只要透過併購重組，就可以輕鬆炒高自己的業績。誇張一點來說，當年沒有參與併購的公司，都不好意思說自己是上市公司。這導致在三年承諾期過後，很多企業出現業績下滑和商譽減損的悲慘下場。

　　有會計學者以中國 A 股上市公司為對象，研究過商譽減損對企業業績以及股價崩盤風險的影響。其研究發現，上市公司在併購時支付高額商譽，雖能提升其當期業績，卻會降低其未來業績。此外，商譽還是企業股價崩盤的重要事前信號。相對於沒有商譽資產的企業，擁有商譽資產的企業未來股價崩盤的風險明顯更大。而且，商譽資產規模越大，未來股價崩盤的風險就越高。

　　由此可見，一旦商譽這只灰犀牛發起進攻，對企業和投資人的殺傷力是多麼巨大！財務高手明白，如果一家企業有大量併購活動，就要特別警惕其商譽減損的風險。

併購溢價中的利益輸送

　　前文提過，之所以會出現高額商譽，是因為併購方對被併購企業的未來充滿信心。然而，有些高溢價的併購，則是併購方故意為之。例如，當被併購企業本身與併購方大股東，或其關係企業有著錯綜複雜的關係時，併購的商譽溢價通常會特別高。這其實是大股東在自導自演，想從中大撈一筆。

實例思考

　　通策醫療投資股份有限公司（簡稱「通策醫療」）在 2015 年 11 月發布的公告顯示，通策醫療準備以 50 億元併購海駿科技有限公司（簡稱「海駿科技」），併購溢價高達 427%。這兩家公司，其實是受同一人控制，大股東刻意抬高併購價。這樣一來，大股東一方面能把自己的資產海駿科技以高價裝入通策醫療這家上市公司中，從交易中穩賺一筆；另一方面，可以利用併購概念，將併購方通策醫療在資本市場上炒作一把，待股價抬升後再大量拋售股份，又能賺一筆。

　　當然，高溢價併購不一定都是利益輸送導致的，也可能是上市公司在併購競價中，不惜代價互相競爭所導致的。一旦併購行為失去理性，開始盲目跟風，企業就會因在併購中的過高溢價而遭受「贏家詛咒」。有會計學者研究了中國資本市場 1,415 起併購案例，發現從長期來看，在激烈的併購競爭過程中最終勝出的企業，並不一定能獲得最好的收益。反之，併購的贏家很可能會因高估價值而遭受懲罰，只能獲得低於平均水準的收益，甚至負收益，這就是所謂的「贏家詛咒」。

　　由於企業的商譽減損對投資人有不小的影響，2018 年 11 月 16 日，中國證監會發布了新的會計監管風險提示，其中整理了商譽減損的風險。總結來說，企業重要的減損跡象包括（但不限

於）以下幾點：

1. 現金流或經營利潤持續惡化，特別是被併購方未實現承諾的業績。
2. 企業政策、市場狀況或競爭程度發生不利變化。
3. 技術壁壘過低或者更新過快，導致現有技術和盈利現狀難以維持。
4. 核心團隊發生不利變化。
5. 特許經營資格等條件發生變化，如合約到期無法接續等。
6. 當期市場投資報酬率已經明顯提高。
7. 經營所處國家或地區的風險明顯，如面臨外匯管制、惡性通貨膨脹、大規模經濟惡化等。

這些都是商譽這頭灰犀牛將要發生攻擊的一些警示訊號。

其實，在我們日常工作生活中，也有很多灰犀牛事件。例如隨著科技的快速發展，越來越多傳統行業與傳統工作方式將迎來重大挑戰，有些人的知識與能力已經不能適應工作的新要求了。如果不能及時意識到這個問題，並為自己充電、加強自身能力，這些人最終就會面臨被淘汰的困境。

劃重點

併購需要重點關注什麼財務問題？

在併購中，需要警惕的財務風險是商譽減損，因為商譽減損會讓企業利潤大幅度下滑。

高估值、高溢價併購，是商譽減損產生的根源。高估值可能是利益輸送，也可能是在併購競價中，企業不惜代價互相競爭所導致的。

需要判斷被收購企業的財務情況、收購時的外部市場環境和競爭情況，以及被收購方與收購方之間的關係，以精準判斷商譽減損的可能性。

29 | 短期內無法轉虧為盈，不如「洗大澡」

上一節說到，一旦被併購企業未來的業績達不到預期，會計準則就要求併購企業對商譽減損，但具體要在什麼時候執行呢？

中國在 2006 年發布的企業會計準則中規定，企業合併所形成的商譽，至少應在每年年度終了時減損測試。商譽應結合與其相關的資產組或者資產組組合減損測試。也就是說，會計準則只規定企業需在每年年末測試其商譽，看看是否出現減損的可能。但是測試不等於實際減損，而且，測試往往非常主觀，是否減損、何時減損、減損多少，並沒有統一的判斷標準，企業因此具有一定的選擇權和挪移空間。

如果你所在的企業需要計提商譽減損之損失，你會選擇在什麼時間點做這件事呢？

你可能會這麼想：商譽減損會令企業利潤大幅下降，甚至虧損，那肯定要找業績特別好、利潤特別高的那一年來執行啊！這樣才有可能把商譽減損帶來的損失，以及給企業帶來的負面影響降到最低。

但真的是這樣嗎？

商譽減損的時機選擇

事實上，很多企業並不是選擇在業績最好的時候將商譽減損，它們反而會選擇在出現虧損，而且預計在短期內無法轉虧為盈時，把商譽減損在當年一次性計提完。

你可能會有這樣的疑問：這樣做不是讓當年虧得更多了嗎？但企業要的就是這個效果。

因為既然商譽的價值已經出現損失，那麼利潤肯定會被它影響，就算今年不計提商譽減損，不影響當期利潤，這個問題也是逃不掉的，不如將錯就錯，起碼之後幾年不用再為此煩惱。而後無事一身輕的重回市場，企業才更有可能轉虧為盈。

這種操作，在會計學中被生動的稱為「洗大澡」（big bath），也叫巨額沖銷。簡單來說，就是把企業未來兩三年內可能發生的虧損，集中在一年內虧掉，一次性洗乾淨，從頭開始。

洗大澡的心態在生活中也很常見。例如你快把這個月薪水花光了，你的女朋友知道後肯定會很生氣。這時，你乾脆把下個月想買的東西也一起提前買了，反正女朋友已經生氣了，再多買幾樣也無妨。反倒下個月能省下一點錢，女朋友到時自然會比較高興。在財務高手看來，洗大澡屬於利潤操縱的一種。有研究發現：經營業績不佳時，企業傾向管理正向盈餘，把利潤做高；但是當經營業績極度糟糕時，一些企業則開始傾向於管理負向盈餘管理，也就是洗大澡，想辦法把利潤往巨額虧損的方向操縱。

根據規定，連續兩個會計年度都出現虧損的上市公司，如果下一年繼續虧損，就會被下市風險警示（在上海與深圳交易所

會以 *ST 字樣警示）。在這種情況下，公司為了不被摘牌，就會在出現虧損的那年計提商譽減損，給下一年留出空間，快轉虧為盈。例如安彩公司（按：中國玻璃與天然氣製造商）的財務報告顯示，公司在 2009 年虧損超過 10 億元，當年「洗了一次大澡」，計提了 5.56 億元減損損失，這其實是為 2010 年盈利做準備。結果，該公司在 2010 年的淨利潤為 3,260.95 萬元。又例如，科龍公司（按：中國家電製造商）的財務報告顯示，公司在 2004 年和 2005 年連續虧損，2005 年的虧損額高達 36.93 億元，創造了中國上市公司年度虧損額之最。當人們都以為這家公司要被摘牌的時候，它以閃電般的速度在 2006 年達成了 2,412 萬元的淨利潤。

所以，洗大澡的一個明顯特徵，就是企業利潤出現雲霄飛車般的變化，一下出現巨虧，一下又達成微利。很多時候，實現盈利並不是因為企業出現虧損後痛定思痛，努力在公司業務上扳回一城，而是會計數字的遊戲。那麼，上市公司難道不擔心洗大澡後的市場反應嗎？這不是在主動向市場釋放負面的信號嗎？

事實上，不少上市公司在公布巨額虧損時，股票價格不跌反漲。例如美國線上時代華納集團（AOL Time Warner, Inc.，現更名為華納媒體〔Warner Media〕）公布其 2002 年第一季542.4 億美元巨幅虧損的當天，其股票價格反而略有上升。中國會計學者黃世忠教授認為，這可能是投資者的非理性決策所導致。人們通常認為「小虧＝大虧」，而「大虧＝黎明前的黑暗」。洗大澡在投資者眼裡，反倒成了正面的信號。

外界很難判斷企業執行商譽減損的時機，這一點也可能會被

企業管理層利用，以提前避免虧損。例如山東墨龍石油機械股份有限公司（簡稱「山東墨龍」）在 2016 年時，由於商譽減損預計將出現巨幅虧損。在山東墨龍 2017 年 2 月 3 日對外公布這則消息之前，其董事長和總經理已大幅出售合計 3,750 萬股，獲現將近 3.6 億元。不過，兩個當事人也因內線交易，被中國證監會於 2017 年 5 月下發了行政處罰書。

管理層更換也愛「洗大澡」

企業除了在面臨巨幅虧損或者瀕臨摘牌時，特別容易出現洗大澡之外，還有一種情況下，企業也特別愛這麼做，那就是在更換高階主管、控股股東或者會計師事務所的時候。

這背後的原因很好理解，新任管理者為了推卸責任，往往會將巨額虧損歸咎於前任。同時，把當年業績做低，為以後業績提升留出空間，這樣也能顯示自己有更好的能力。

兩位日本會計學者做了一項非常有意思的研究。他們發現，洗大澡最可能發生在管理層變動時期，但這個爛攤子究竟是由前任還是其繼任者來扛，要看他們兩人之間的關係是「友好」型還是「敵意」型。

在友好型的交接中，前任通常有權任命下一任管理者，所以前任會在其執掌公司的最後一年洗大澡，以保證繼任者在下一年重新開始。這個現象在日本企業中比較常見。而在敵意型交接中，繼任者通常會在其上任的第一年為企業洗大澡，這樣就可以將企業經營不善的責任推給前任，保證自身的聲譽不受影響，這

個現象在美國和中國企業中比較常見。

　　中國也有會計學者透過研究發現，在中國企業高階主管層出現變動時，明顯存在著洗大澡的行為。這種情況在高級主管「空降」的企業裡更加明顯，而在內部提拔的情況下，洗大澡的狀況相對少一些。

「洗大澡」的常見方法

　　商譽減損只是「洗大澡」的一種方法。在中國，虧損企業洗大澡的手段非常多變，最常見的手段包括濫用「八項準備」：計提呆帳準備、短期投資跌價準備、存貨跌價準備、長期投資減損準備、固定資產減損準備、無形資產減損準備、在建工程減損準備和委託貸款減損準備。

　　當然，企業洗大澡的手段再高超，也不是無懈可擊的。專業的第三方，例如會計師事務所，在審計時就可能發現問題。海信科龍電器股份有限公司（簡稱「科龍」）就是個典型案例。

　　科龍年報顯示，公司在 2001 年巨虧 15.56 億元，當時的安達信華強會計師事務所（按：Arthur Andersen，簡稱「安達信」，此處為安達信會計師事務所於中國登記之名稱）出具了「無法表示意見」的審計意見（按：關於審計意見的種類與其意涵，請參見317頁附錄中的審計報告）。2002 年，受美國安隆事件的牽連，安達信在中國的業務併入普華永道中天會計師事務所（按：Price Waterhouse Coopers，簡稱「普華永道」，此處亦為該會計師事務所於中國登記之名稱）。這樣一來，科龍的審計機

構就應當是普華永道。但是，普華永道將其拱手讓與德勤華永會計師事務所（按：即為前文提及之勤業眾信聯合會計師事務所，簡稱勤業眾信，此處亦為該事務所於中國登記之名稱）。當年科龍雖然轉虧為盈，但德勤出具了保留意見如下：

「貴公司前任會計師，在對貴公司 2001 年度會計報表所簽發的審計報告中說明了：由於未能從貴公司管理層獲得合理的聲明及可信賴的證據，以作為其審計的基礎，同時前任會計師也無法執行滿意的審計程序，以獲得合理的保證來確定所有的重大交易均已被正確記錄並充分披露，因此根據以上情況，我們不能確定貴公司於 2001 年 12 月 31 日的公司及合併的淨資產，是否存在重大錯誤。任何對貴公司初期的公司及合併淨資產的調整，將會對貴公司 2002 年度的公司及合併的淨利潤產生影響，同時公司及合併資產負債表的年初數、利潤及盈餘分配表及現金流量表的上年數與本年數，也不具有可比性。」

耐人尋味的是，2005 年德勤為科龍出具審計「保留意見」後，德勤也推掉了科龍的審計業務。事實上，我們可以藉由閱讀審計意見，對一些企業有所警惕，關於這一點，後文會再詳述。

劃重點

如何看待企業的洗大澡行為？

當企業面臨巨虧，瀕臨摘牌，或者更換高管人員、控股股東，或者會計師事務所的時候，可能會出現巨額沖銷，也就是洗大澡的行為。

洗大澡，是盈餘操作的一種手段。

30 | 不穩定的分紅，
比不分紅更可怕

企業的終極目標，是為股東創造價值。因此，企業賺到錢之後，就需要考慮給股東分紅的問題。

分紅是企業定期從盈利中，按股票份額的一定比例支付給股東的紅利，是投資者兌現投資收益的一種重要方式。

根據萬得資料庫資料，2018 年中國 A 股上市企業中，約七成的企業有發放現金分紅，還有約三成左右的企業沒有分紅。

為什麼有的企業分紅，有的不分呢？企業盈利了就必須分紅嗎？分紅的企業都盈利了嗎？分紅的企業就是好企業，不分紅的就不是好企業嗎？

分紅的前提條件

要想回答這些問題，首先就要了解企業分紅的前提條件：分紅能力。**分紅能力包括兩個維度：利潤和現金。**

這裡的利潤指的不是當期利潤，而是企業的可供分配盈餘。一般來說，就是資產負債表中股東權益部分的「未分配盈餘」大於零時，企業才有能力分紅。當期利潤和可供分配利潤的差別在

於，當期利潤就好比是一個人今年的薪水，可供分配盈餘則是一個人多年存下的積蓄。企業就算某一年出現虧損，只要有可供分配盈餘，理論上來說還是有能力分紅的。這就好比你今年的投資運氣不佳，把一年的薪水都賠了，過年時孩子跟你要紅包，你還可以用前幾年存下的積蓄發紅包。當然，一般來說，企業想要分紅，當期利潤為正也非常重要。當期虧損的企業若要分紅，肯定會更加吃力。

不過，即使企業有可供分配的盈餘，如果沒有現金，也沒有能力發放現金分紅。雖然在實際操作中，大多數企業只關注現金總額，但是財務理論認為，即使企業現金充裕，也應該優先用於投資高品質的項目。只有在剩下閒錢時，才應該拿出來分紅。

財務中用「自由現金流」這個概念來衡量企業的閒錢，也就是企業在滿足了再投資需要之後剩餘的現金流量。這個概念最早由阿爾福雷德・拉波帕特（Alfred Rappaport）和邁克・詹森等學者於 1980 年代提出，並且在企業價值評估中廣泛的應用。自由現金流衡量的是，在不影響企業持續發展的前提下，可供分配給企業資本提供者的最大現金額。因此，當自由現金流為正時，企業才應該分紅。它的具體計算公式如下：

自由現金流＝息稅前利潤－稅款＋折舊和攤銷－營運資本變動－資本支出

雖然企業不需要在財務報表中公布「自由現金流」這項指標，但是計算需要的所有財務數據，都可以在財務報表裡找到。

分紅與企業發展階段

理解了自由現金流的概念，你就會明白為什麼有的企業有利潤，也有現金，但是不分紅了。

實例思考

比如巴菲特掌管的波克夏‧海瑟威公司（Berkshire Hathaway，簡稱波克夏），從 1964 年成立至 2017 年只有分過一次紅，股東卻從來沒有抱怨過，為什麼？

巴菲特的理由很簡單，把波克夏賺來的錢用於再投資、發展業務比分紅更划算。波克夏高得驚人的股價，就是最好的證明。雅虎財經的資料顯示，2017 年底，波克夏的股價是全球 A 類股中最高的，並且已突破 30 萬美元一股的價格，股東自然不會抱怨。

微軟公司曾經也不分紅。其財務報告顯示，在 1986 年上市後的十七年中，微軟公司一直保持年均 30% 的高速成長率，並且有大量優質的投資機會。所以微軟公司選擇把錢拿去投資，而不是用來分紅。不過，從 2003 年 2 月起，微軟公司開始保持每年穩定的現金分紅。為什麼？因為它達到了穩定的狀態，進入了成熟期。

其實，上市公司的管理層一直在分紅回饋股東，和投資以讓

企業增值之間尋找平衡，而這個平衡點和企業的發展階段有很大的關係。

2013 年中國證監會公布的上市公司監管指引指出，中國上市公司應綜合考慮企業所處行業的特點、發展階段、自身經營模式、盈利水準，以及是否有重大資金支出安排等因素，制定現金分紅政策：

公司發展階段屬成熟期，且無重大資金支出安排的，盈餘分配時，現金分紅在本次盈餘分配中所占比例，最低應達到 80%。

公司發展階段屬成熟期，且有重大資金支出安排的，盈餘分配時，現金分紅在本次盈餘分配中所占比例，最低應達到 40%。

公司發展階段屬成長期，且有重大資金支出安排的，盈餘分配時，現金分紅在本次盈餘分配中所占比例，最低應達到 20%。

一般來說，處在成長期的企業通常有大量優質的投資機會，因此這些企業會選擇不分紅或者較少的分紅。而當這些企業決定開始分紅時，可能是它們從成長股向價值股轉變的一個重要訊號，這說明該企業的發展，今後要開始減速了。

分紅的穩定性

理解了有錢不分紅的合理性之後，對那些有錢且也在分紅的企業，我們應該關注它分紅的什麼特徵呢？

財務高手提供了一個角度：分紅的穩定性。

美國的上市企業在制定分紅政策的時候，會將可持續性作為第一原則，也就是說，一旦企業公布現金分紅政策，例如按照每

年淨利潤的一定比例來分紅，就會保持基本的連貫性和穩定性，不會年年出現變化。這在金融學中被稱為「分紅平滑」。

阿隆·布拉夫教授（Alon Brav）等學者，於 2005 年發表的一份題目為《21 世紀的分紅政策》（*Payout Policy in the 21st Century*）的調查研究顯示，投資者更願意持有那些分紅可持續性高的股票。

由此可見，可持續性始終是一種特別重要的財務思維，不僅利潤要如此，分紅也一樣。

實例思考

不穩定的分紅，有時候比不分紅更可怕，因為它釋放了一個非常負面的信號。比如，珠海格力電器股份有限公司（簡稱「格力電器」）曾經堅持十一年持續分紅，投資者心裡已經有了分紅預期。可到了 2018 年，格力電器發布公告表示，雖然它在 2017 年創造了 224.02 億元的淨利潤，但公司當年並不準備發放現金紅利。網易財經（**按：中國網路平臺**）的資料顯示，公告一出，格力電器的股價隨即下跌了 8.97%，272 億元的市值因此蒸發。

分紅的其他動機

除了上文介紹的情況，市場上還有一批沒有分紅能力的企

業，會突然發放大額分紅，這種行為背後往往有別的動機，需要特別注意。

　　例如在深圳交易所上市的陝西省國際信託投資股份有限公司（簡稱「陝國投」）。其財務報告顯示，公司在2002～2007年的六年間都沒有分紅，2008年的利潤也沒有大幅提高，卻突然在2008年開始分紅，2008～2013年，它的分紅總額占了淨利潤的14%以上。

　　這是為什麼呢？原來，2001～2008年，中國證監會為了鼓勵上市公司分紅，相繼四次公布了規定上市公司再融資資格與分紅水準直接相關的「半強制分紅」政策，也就是說，上市公司唯有分紅，才能獲得再次融資的資格。

　　所以，陝國投的突然分紅不是為股東利益著想，而是為了後續的大規模再融資。它透過現金分紅的方式，先向市場投資者發送一個正向訊號，讓廣大投資者認為它是一家高品質、為股東著想的公司，以此吸引更多投資者參與再融資。這等於先花一筆小錢，然後在資本市場撈一筆大錢。有意思的是，在再融資完成後的2012年和2013年，陝國投的分紅額度開始明顯降低。

　　所以，第一個分紅動機是企業有可能為再融資做準備。我們可以透過查看財務報表，初步判斷企業是否是為了再融資才分紅的。如果財務報表顯示過去幾年企業的投資突然增加，開始投入新專案，一般就是企業需要再融資才分紅的。第二個分紅動機藏在企業的股權結構裡。我們如果看這些企業的財務報表，就會發現，其中大部分企業的控股股東持股比例都在30%以上。

　　以寧夏英力特化工股份有限公司（簡稱「英力特」）為例，

它的大股東國電英力特能源化工集團股份有限公司（簡稱「英特力能源」）持有英力特51.25％的股份。英力特2018年半年報顯示，公司預計發布3.64億元現金分紅，占盈餘分配總額的比例高達46.61％。這次分紅一半以上的資金，都會流進大股東英力特能源的口袋裡。然而，英力特2018年的業績並不景氣。

由此可見，沒能力時還分紅，也可能是大股東獲取現金的一種方法。大股東持有的股份最多，從高額分紅中獲得的收益最大。大股東想獲取現金雖然可以販賣股票，但是這樣做卻會犧牲控制權，而高額的現金分紅，能讓大股東把上市公司的資金轉移到自己手中，上市公司就成了大股東的提款機。

所以，我們在判斷一家企業分紅情況的時候，要關注企業的分紅能力和分紅意願是否一致。有分紅能力但是不分紅，以及沒有分紅能力卻在分紅這兩類企業，是特別需要關注的。

劃重點

如何看待企業分紅？

企業的分紅能力由可供分配利潤和自由現金流決定。企業分紅與否，和其所處生命週期階段有關。

當企業開始分紅之後，需要重點關注其分紅的穩定性。

沒有能力卻分紅的公司，需要特別考察其真實動機。

如何快速把脈
一家上市公司

31 │ 最多人在用的財務分析法：
哈佛分析框架

　　我在美國求學時，觀察到一個很有意思的現象。當每年畢業季，商學院的學生們在選擇去哪些企業應聘時，並不是像中國的學生那樣，若不是靠親友介紹，就是看有哪些企業來學校宣傳。他們會下載自己感興趣企業的財務報告，透過這些報告，來決定是否投遞履歷給該公司。在收到面試邀請後，**閱讀該公司的財務報告，更是美國商學院畢業生們準備面試的重要步驟之一。**

　　我曾經向他們請教他們為什麼這樣做，得到的回覆是：**想在短時間內快速了解一家企業，並在面試時知己知彼，效率最高的方法就是閱讀這家企業的財務報告。**

閱讀財務報告的三個目的

　　事實上，早在 1930 年代，財報的目標就被明確立為：提供充分的公開資料，以幫助投資人和其他相關利益者了解企業的經營狀況。不過，閱讀財務報告並不是漫無目的的瀏覽，而應抱持著三個明確的目的：

1. 了解企業過去的經營歷史。
2. 衡量企業現在的財務狀況。
3. 預測企業未來的發展趨勢。

　　閱讀財務報告的第一個目的，是了解企業過去的經營歷史。企業和人一樣，不能脫離歷史而存在，其今天表現出來的行為和狀態，都與過去的經歷有關。例如當企業在聘請 CEO 時，會藉由考察候選人過去的求學經歷，和職業經歷來判斷他在未來能為企業做出多少貢獻。

　　一項研究甚至發現，CEO 兒時的經歷，會對他未來的管理行為有明顯的影響。如果一位 CEO 在成長過程中曾經遭遇過重大的意外並倖存下來，當他在執掌企業時，在投資、現金管理、併購等方面，就會表現得保守、懼怕風險；相反的，如果早年遭遇的意外只對其造成輕微影響，當這位 CEO 執掌企業時，其反而會表現得更激進，並願意承擔更高的風險。

　　因此，在分析一家企業時，需要先了解它的過去。例如，如果想判斷一家企業在未來有沒有創新能力，就要看它過去幾年有沒有在研發活動上布局（如投入資金建立研發團隊、啟動研究專案等）。再例如，企業如果為了提升銷售額，長期採用激進的賒銷政策，那麼可以想見，它在未來面臨的現金流壓力和呆帳機率可能會大幅提升。

　　由於企業的歷史實在太重要了，企業通常會在上市招股說明書中公布其過去三年的主要財務數據，歷史沿革與改制重組情形、公司股本的形成，及股東變化情形等非財務資訊，以讓投資

者更好的了解企業的經營歷史。

不過，歷史上業績輝煌，最終卻慘淡收場的企業比比皆是。安隆、柯達、雷曼兄弟（Lehman Brothers）曾經都是世界 500 強企業，最後都以破產告終。因此，我們不僅需要了解企業的過去，還要考察其當下的健康狀況，而這便是閱讀財務報告的第二個目的。

企業當下是在賺錢，還是在虧錢？短期內是否會有無力償還債務的風險？經營管理效率是否有重大問題？在資本市場的表現如何？關於這些問題，我會在下一節中介紹一套完整的財務指標，幫你判斷企業的財務狀況是否良好。

閱讀財務報告的第三個目的，是預測企業未來的發展趨勢。無論是企業員工、投資人、合作夥伴，還是用戶，都非常關心企業的未來。員工願意加入一家新創企業，看中的是它未來的發展潛力。只有企業做得越來越好，員工手裡的期權才有增值的可能。相反，如果企業最後失敗，這些期權就形同廢紙。商業上的合作夥伴也關心企業的未來，因為其希望合作關係能夠穩定、持久。同樣的，客戶也不希望長期為自己提供商品的企業，會在某一天瀕臨倒閉。

雖然我們無法精確的預測未來，但是閱讀財務報告，了解企業的歷史業績和當下的狀況，可以幫助我們判斷一家企業未來的發展趨勢。

哈佛分析框架的突破之處

　　雖然財務報告是了解一家上市公司的快速管道，但面對一份上百頁的報告，許多人還是往往不知道從何處下手。

　　財務高手並不會一頁頁去閱讀報告，而是會使用一套分析方法，將財務報告剖析。這套分析方法，叫「哈佛分析框架」（Harvard Analytical Framework）。

　　哈佛分析框架是由哈佛商學院的三位會計學教授，克里希納・帕萊普（Krishna G. Palepu）、保羅・希利（Paul M. Healy），和維克多・伯納德（Victor L. Bernard）提出，被認為是財務分析方法論的一次重大突破。

　　傳統的財務分析方法，主要關注於三張報表本身，並且只對其中的財務資料定量分析（按：對物質或組合本身各組合成分之間數量的分析方法）。這種分析方法有什麼局限性呢？假設我給你看一張照片，請你評價照片中這位小姐的外貌，你會怎麼做呢？大部分人拿到照片後，會直接評價其五官、身高、身材、膚色等等，然後得出自己的結論。但是，這樣的定量分析忽略了兩個重要問題：

　　1. 這張照片是在什麼環境下拍的？如果燈光昏暗，不管是怎樣的美女，拍出來也不會好看。

　　2. 這張照片有沒有被修圖過？如果有，看到的照片就是失真的，那麼無論怎麼分析，結論都會是錯的。

前文講過，財務報表就像企業的照片，分析財務報表就是透過企業的照片，來評價企業的經營情況。傳統的財務分析最大的局限，就如同直接根據照片評價一位小姐的長相一樣，只關注企業財務資料的定量分析，卻忽略了定性分析（按：深入探討一個主題，以獲得動機、想法與態度等資訊），例如像企業所處的經營環境和戰略定位等。這樣的分析結果，極有可能出現偏誤。

舉個例子。有兩家賣滷鴨脖的上市公司，一家叫絕味食品股份有限公司（簡稱「絕味食品」），另一家叫周黑鴨國際控股有限公司（簡稱「周黑鴨」），在中國的街上經常能看到它們的門市。這兩家企業的產品非常相似，可以說是直接的競爭對手。我們經常用毛利率來衡量企業的盈利能力，根據這兩家企業的財務報告，2017 年，絕味食品的毛利率是 35.79％，周黑鴨的毛利率是 60.93％。這樣看來，周黑鴨的盈利能力似乎明顯勝過絕味食品，但真的是這樣嗎？

如果我們做一點「定性分析」，了解企業的經營戰略，就會發現這兩家企業巨大的毛利率差異，主要是由不同的經營模式造成的。周黑鴨以自營為主，這種模式下通常單店都有很高的坪效與毛利率，但是門市的數量有限。而絕味食品則以加盟連鎖為主，需要將產品的一部分利潤讓渡給加盟商，所以毛利率較低。在這種經營模式下，企業主要透過擴張規模來增加盈利。如果單看自營部分，絕味食品的毛利率，其實是高於周黑鴨的。

如果在比較這兩家企業的財務指標之前，沒有先了解它們的經營模式，並定性分析，可能就會做出錯誤的判斷。

這正是傳統財務分析法最主要的局限，也是哈佛分析框架主

要改進的地方。哈佛分析框架認為，財務報表是企業經營和會計活動的最終成果，投資者不僅需要關注財務數據，還需要關注財務資訊和企業經營環境、戰略、商業邏輯之間「定量」和「定性」分析的結合，這樣才能真正把握企業的財務情形。

具體來說，哈佛分析框架包括戰略分析、會計分析、財務分析和前景分析四個步驟。這一節會先介紹這四個步驟的核心概念，後文將會示範應用哈佛分析框架，來具體分析一家企業。

戰略分析

戰略分析是哈佛分析框架的起點。

就如同了解照片拍攝的環境，在分析財務報表之前，需要先了解企業的戰略。戰略分析包括「經營環境分析」和「企業自身的戰略選擇」兩部分，目的是識別企業的利潤變因和業務風險，評估企業發展潛力的本質。

經營環境分析主要包括「宏觀環境分析」和「產業環境分析」，宏觀環境分析關注會對企業經營活動造成影響的政治、經濟、法律、社會文化等方面的因素，重點在於分析這些因素的特定轉變將會對企業造成哪些影響。以人口環境為例，它是社會文化環境的重要組成部分之一，其中包括人口規模、年齡結構、人口分布等因素。近年來，中國的人口環境出現了顯著的變化，例如旨在提高出生率的二胎化政策，這將會為嬰兒用品產業和教育產業的發展帶來巨大紅利，人口高齡化的趨勢則會為醫療產業帶來新的發展機遇與挑戰。

　　企業經營環境的第二個層次——產業環境對企業的影響，是直接而明顯的，宏觀環境對企業的影響常常也會從產業環境變化開始。產業環境分析，主要考察企業所在產業的規模及成長前景、利潤空間、變革速度等維度。

　　根據產業與經濟週期的關係，可以將其分為三類：

　　1. 成長型產業：在經濟週期的不同階段，其銷量和利潤均保持高於經濟整體水準的成長，例如高科技產業。

　　2. 防禦型產業：在經濟週期的不同階段，其銷量和利潤均保持穩定成長，例如公共事業、食品、醫療業。

　　3. 週期性產業：其銷量和利潤通常隨著經濟週期變動，例如大宗物資產業和房地產業。我們可以以此為依據，判斷企業所在產業的成長前景。

　　分析產業利潤空間有一個常用的工具——波特五力分析（Michael Porter's Five Forces Model），其發明者邁克‧波特（Michael E. Porter）認為，產業利潤受五種不同力量的影響：產業內競爭的激烈程度、進入產業壁壘的高低、供應商談判能力的強弱、消費者談判能力的強弱，以及替代產品威脅的大小。若產業內競爭越激烈，進入產業的壁壘越低，供應商和消費者談判能力越強，替代產品威脅越大，那麼產業的利潤空間就越會受到擠壓。

　　產業變革速度，需要重點關注哪些是核心驅動因素，以及這些因素的變化速度。例如對零售業來說，一個核心因素就是消費

者群體，以及其消費偏好的變化。可口可樂公司每年會做消費者市場調查分析，來判斷和預測飲料市場消費者偏好變化走向，這也對公司戰略調整和新產品研發有直接的影響。另外一個核心因素，是技術革新的速度。新技術的出現可能會讓產業內部重新洗牌，並讓一些新興企業有彎道超車的機會。例如當新興能源技術開始應用在汽車上，就讓特斯拉等企業快速成長為後起之秀，並帶動了整個汽車行業往新能源方向發展。

除了受到經營環境的影響，企業的財務情況和發展前景也會受到其自身戰略選擇的影響。前文對比過星巴克和沃爾瑪：星巴克選擇的是差異化策略，主要藉由提供獨特的、高品質的產品與服務，獲得高利潤；而沃爾瑪選擇的則是成本領導策略，透過嚴格控制每一個成本環節，而取得強勁的競爭力。這也讓兩家企業的財務輪廓也有所不同，根據兩家公司的財務數據計算後可得知，在 2018 年，星巴克的毛利率是 58.8％，而沃爾瑪則只有 25.1％。

會計分析

如果說戰略分析可以幫助我們了解拍照時的「環境」，那麼，哈佛分析框架的第二個步驟——會計分析，則主要負責評估照片被「修圖」的程度多寡，也就是說，財務報表能在多少比例上，反映企業經營活動的真實情況。

雖然財務制度是被規範的，但財務報表中的數據都是被高度濃縮的，從每一筆交易到最後對外公布的財務報表，在這個層層

加總的過程中，企業還是有一定的自主決定空間。如果我們只看到數字，卻不知道這些數字是按什麼規則加總的，那就是「知其然，而不知其所以然」。因此，會計分析的目的是了解會計政策的靈活性，評價企業的會計處理方式反映其業務的真實程度，盡可能消除雜訊，為提高財務分析的可靠性打下基礎。

具體上應該怎麼執行會計分析呢？財務報表中的每個科目都是根據相應的會計政策編製的，但報表科目繁多，認真分析每個會計政策顯然是不可行的。

財務高手會特別關注以下三個維度：

1. 對企業影響最大的會計政策是什麼？識別出這（幾）個會計政策，然後基於二八定律，把注意力主要放在這些會計政策上。例如影響高科技企業利潤的主要會計政策之一，便是其對是研發支出的處理；影響重資產企業利潤主要會計政策之一，是其如何處理固定資產折舊。分析這些企業的情況時，就需要特別關注這幾個會計政策。

2. 哪些會計政策發生了變化？前文舉過鋼鐵公司的例子，一些鋼鐵企業為了避免下市風險，會調節固定資產折舊政策，以延長折舊時間，降低當期折舊費用。如果這些重要的會計政策發生變化，我們就需要進一步了解其背後原因，來分析這個改變是否合理，是否有操控利潤的嫌疑。

3. 對標企業（例如同產業中的其他企業）的會計政策有什麼不同？如果能獲得對標企業的財務報告，那我們就可以比較這些企業的會計政策，並著重關注那些差異較大的會計政策。例如

如果一家高科技企業，其研發支出的收益率明顯高於同行，我們就需要進一步分析帶來這種差異的原因。

財務分析和前景分析

有了戰略分析和會計分析這兩個「定性」分析做基礎，我們就可以對財務數據「定量」分析了。財務分析常用的方法是建立一系列財務指標，描述企業在**償債能力**、**營運能力**、**盈利能力**、**價值創造**這四個維度的表現，綜合判斷企業的財務狀況。此外，我們還可以把企業當年的財務資料，和自身的歷史資料縱向比較，或是與同行企業橫向對比，分析企業的發展趨勢及其在行業中所處的位置。下一節中將會具體介紹這些分析方法。

哈佛分析框架的最後一步是前景分析，也就是基於前三個步驟的分析結論，透過預測企業的前景，判斷其業績的可持續性與投資價值。

32 | 四大能力分析，看出公司健康與否

　　哈佛分析框架的前兩步，是戰略分析和會計分析這兩個定性分析，第三步則是基於財務資料的定量分析——財務分析。

　　財務分析就像是對企業做的一次全面體檢，透過各個維度的檢查，判斷企業的健康程度。一般體檢結束後，醫生會提供一張檢驗表，上面有多項指標，例如體重、血壓、肝指數等。醫生會將這些指標與體檢者以往的體檢結果，以及從大樣本人群所取得的正常數值範圍比較，判斷哪裡可能出了問題。

　　理論上來說，體檢項目多達上百種，可以檢查得非常精細，但是檢查所有項目太過耗時、耗力了。在現實中，如果我們想快速了解自己的健康狀態，通常只會做一般檢查，只包括那些最重要的必需項目。財務分析的思路和體檢非常類似，如果想快速了解一家企業的情況，我們可以先建立一些核心的財務指標，考察企業在**償債能力**、**營運能力**、**盈利能力**、**價值創造**這四個維度的表現，這種分析方法被稱為「比率分析」。

　　接下來的內容，會包括相當多的計算公式，因為財務報表裡並沒有直接公開這些財務指標，但是我們可以使用財務報表中的相關數據將其計算出來。因此，如果你想具體分析企業的某一項

能力或指標，就可以利用下面的公式。

償債能力

償債能力之所以被列在最前面，是因為企業如果沒有能力償還債務，就會有破產的風險。要是連生存都出了問題的話，企業還談什麼發展呢？一般來說，企業的債務按期限可以被分為兩類：一年之內需要償還的債務（即資產負債表中的「流動負債」），以及償還期限超過一年的債務（即資產負債表中的「非流動負債」）。我們可以建立一些財務指標，來評估企業對這兩類債務的償還能力。

評估企業短期償債能力的指標有三種：流動比率（current ratio）、速動比率（quick ratio）和現金比率（cash ratio）。

流動比率考慮的是，假設企業變賣所有流動資產，將其換成現金之後是否足夠支付短期債務。它的計算公式如下：

流動比率＝流動資產／流動負債

其中，流動資產是指企業可以在一年內變現或運用的資產，包括現金、短期投資、應收帳款、存貨等。

如果流動比率小於 1，就說明這家企業的短期償債能力有著重大問題。根據萬得資料庫的資料，2018 年中國 A 股上市公司（已剔除金融類企業）的平均流動比率是 1.22。

不過，流動資產中，不同類別資產的變現能力並不相同。現

金是可以用來還債的資產中最札實的。相比之下，存貨的變現能力就比較弱。一方面，有些存貨（例如某些特定的原物料）沒有現成的交易市場，找到買家可能需要很長時間。另一方面，有些存貨（在製品或製成品）則是訂製的，可能很難轉手賣給別人。

因此，如果你分析的企業存貨品質較低，變現能力較弱，你就可以用另一項更嚴格的指標，來衡量企業的短期償債能力，這項指標叫「速動比率」。它的計算公式如下：

速動比率＝（流動資產－存貨）／流動負債

「速動」明顯比「流動」更快，其意義也就是對資產的流動性要求更高。從計算上來說，兩項指標之間的差別，是前者剔除了流動資產中的存貨。根據萬得資料庫的資料，2018 年中國A股上市公司（剔除金融類企業）的平均速動比率是 0.5。

速動比率包括了應收帳款，但是應收帳款能否及時回收，快速變成現金用於還債，也有一定的不確定性。因此，如果你分析的企業應收帳款的品質也較低（例如平均帳齡較長），就應該使用另一項更為苛刻的短期償債指標，「現金比率」。現金比率只考慮企業用現金償付債務的能力，它的計算公式如下：

現金比率＝貨幣資金／流動負債

前文講過，現金持有比例是「風險預防」和「資金使用效率」這兩個因素之間平衡的結果：一方面，企業需要持有一定現

金用來還債，同時以備不時之需；另一方面，過度持有現金，表明企業有過多的錢滯留在帳上，這說明企業資金的使用效率低。根據萬得資料庫的資料，2018 年中國 A 股上市公司（剔除金融類企業）的平均現金比率是 0.31。

除了短期債務，大部分企業還會有長期債務。我們通常用利息保障倍數（times interest earned 或 interest coverage ratio）和資產負債率（debt ratio 或 leverage ratio）這兩項財務指標來衡量企業的長期債務償還能力。

企業負債經營，最大的短期資金壓力，就是來自須定期支付的利息費用。因此利息保障倍數指標反映的是，企業經營收益為所需支付的債務利息的多少倍。只要利息保障倍數夠大，企業就有充足的能力支付利息。它的計算公式如下：

利息保障倍數＝息稅前利潤／利息費用

息稅前利潤，就是不扣除利息也不扣除所得稅的利潤，即在不考慮利息的情況下，繳納所得稅前的利潤。

而資產負債率反映的是，企業的全部資產中有多少資產是用債權人的錢購置的。它的計算公式如下：

資產負債率＝負債總額／資產總額

前文提過，2018 年中國 A 股上市公司（已剔除金融類企業）的平均資產負債率約為 61％。需要注意的是，資產負債率

只能作為企業償債能力的其中一項參考指標，具體上還需要結合負債性質，才能考察實際的債務風險。

營運能力

如果說償債能力關注的，是企業必須守住的底線，那麼另外三個維度的財務分析考慮的，則是企業的發展問題。企業發展一方面靠提升盈利能力，另一方面靠提升管理效率。

管理效率主要表現在「周轉率」上。前文提過，周轉率這個概念，最早來自西方的游商。游商在一個月內出去賣貨的次數越多，也就是周轉率越高，賺的錢也就越多。因此，我們可以建立一系列周轉率相關的指標，來衡量企業的管理效率。

首先，我們可以評價資產的整體周轉率。在同樣的條件下，總資產周轉率越高，企業的股東權益報酬率就越高。它的計算公式如下：

總資產周轉率＝銷售收入／平均資產總額

由於企業資產每天都在變化，在計算這項指標時，資產總額通常採用全年平均值，也就是年初加年末的資產總額除以 2，根據萬得資料庫的資料，2018 年中國 A 股上市公司（已剔除金融類企業）的總資產周轉率是 0.66。

其次，我們還可以考察不同類別資產的周轉情況。常見的包括應收帳款周轉率、存貨周轉率、固定資產周轉率這三類。

　　應收帳款周轉率主要考察企業應收帳款的管理效率，這個周轉率越高，就說明企業回款的速度越快，出現呆帳的風險越低。在計算這項指標時，應收帳款同樣採用全年平均值，也就是年初加年末的應收帳款總額除以 2。它的計算公式如下：

應收帳款周轉率＝銷售收入／平均應收帳款

　　與應收帳款周轉率相關的指標，是應收帳款周轉天數。周轉天數越短，就說明企業收回款項、並轉換為現金所需要的時間越短，應收帳款的管理工作就做得越好。它的計算公式如下：

應收帳款周轉天數＝365／應收帳款周轉率

　　製造業企業往往有大量的存貨，存貨也是企業的一種重要資產。評價存貨管理效率的核心指標，叫存貨周轉率。存貨周轉率越高，就說明存貨賣出的速度越快。存貨和應收帳款一樣，金額每天都會變化，因此在計算這項指標時，存貨數量通常也採用全年平均值。它的計算公式如下：

存貨周轉率＝銷售成本／平均存貨

　　與存貨周轉率相關的指標，是存貨周轉天數，存貨周轉天數越短，就說明存貨周轉次數越多。它的計算公式如下：

存貨周轉天數＝365／存貨周轉率

　　企業除了應收帳款和存貨這樣的流動資產，還有廠房、設備等用於生產的固定資產。因此，我們還可以考察固定資產的周轉速度，用它來衡量企業使用固定資產的效率，也就是說，計算每1元固定資產的投入，能創造多少銷售收入。固定資產周轉率越高，就說明固定資產的使用效率越高。它的計算公式如下：

固定資產周轉率＝銷售收入／平均固定資產淨值

　　我們不僅可以靠這些獨立的財務指標了解企業經營的某個維度，還可以把多項指標放在一起分析，得到更多有用的資訊。

　　假設一家企業的流動比率和速動比率相差非常大，同時存貨周轉率很低，這意味著什麼呢？財務高手會這樣思考：流動比率和速動比率之間的唯一差別，在於是否考慮存貨，如果兩者差異很大，就說明這家企業存貨占流動資產的比例很高。在這種情況下，如果企業的存貨周轉率很低，就說明企業可能囤積了大量存貨，遲遲賣不出去。也意味著企業可能持有大量過時而貶值的貨物，其實際價值可能已經低於帳面價值了。

盈利能力

　　了解了運營能力，我們再來看看債權人和股東都非常關心的財務維度──盈利能力。衡量企業的盈利能力有兩項常用的指

標：資產報酬率和股東權益報酬率。

資產報酬率考察的是企業運用全部資產的整體獲利能力，包括債權人和股東兩類群體的收益。

資產報酬率＝稅息前利潤／平均資產總額

根據萬得資料庫的資料，2018 年中國 A 股上市公司（已剔除金融類企業）的總資產報酬率是 5%。總資產報酬率越高，就說明企業資產的運用效率越高，也就意味著企業的資產盈利能力越強。

前文介紹過的股東權益報酬率，又稱淨資產收益率，是用來衡量企業為股東這個特定群體創造收益能力的指標。它的計算方式如下：

股東權益報酬率＝淨利潤／平均淨資產總額

其中，平均淨資產總額的計算方式為年初加年末的股東權益總額除以 2。

價值創造能力

上市公司的財務負責人和投資者，不僅關心上文提到的這些財務指標，還關心企業在資本市場的表現。因此，財務報表分析還包括價值分析，常用的指標有兩項：本益比（price-earnings ratio）和股價淨值比（price-to-book ratio）。

　　本益比衡量的是投資者對企業未來發展的看好程度。假設一家企業的本益比是 20 倍，就說明資本市場投資人願意為這家企業每賺的 1 元，支付 20 元來購買這家企業的股票。為什麼投資者願意支付溢價呢？因為股票價格反映的是投資者對企業未來成長率的預期。本益比越高，就說明投資者越看好這檔股票。

本益比＝每股股票價格／每股收益

　　圖 4-1 是深交所三個板於 2009 年第四季到 2019 年第四季上市公司的平均本益比。其中可以看到，創業板上市公司的平均本益比持續高於深圳主板（A 股）和中小板上市公司的平均本益比。特別是創業板剛開板的第一季，其平均本益比在 100 倍以

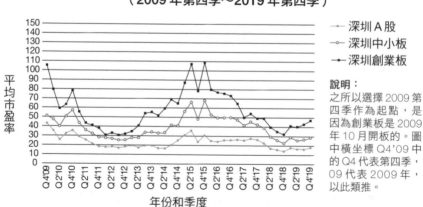

圖4-1　深圳證券交易所上市企業平均本益比
（2009 年第四季～2019 年第四季）

資料來源：深圳證券交易所。

上。如果和同樣聚集了大量高科技企業的那斯達克交易所比較，那斯達克上市公司的平均本益比只有不到 30 倍，深圳創業板企業的整體估值明顯較高。

　　一些投資者喜歡比較兩家企業的本益比，以此作為篩選股票的標準。然而需要注意的是，兩家處在不同生命週期階段的企業，其本益比是不能直接比較的。因為本益比反映的是投資人對企業未來成長的預期，處於不同生命週期階段的企業，其成長的潛力顯然是不同的。

　　如果想要比較處於不同生命週期階段的兩家企業，我們可以使用由本益比衍生出來的比率，即本益成長比（price／earnings to growth ratio），它的計算方式如下：

本益成長比＝本益比／盈利成長速度

　　假設一檔股票當前的本益比為 20 倍，預期未來每股收益增長率為 20％，那麼這檔股票的本益成長比為 1。當本益成長比等於 1 時，表示市場對這檔股票的估值，可以被企業未來業績的成長支撐，也就是估值沒有泡沫。如果本益成長比大於 1，就說明投資者給予的價格，已超過企業未來成長的預期，這檔股票的價值就可能被高估了。

　　除了本益比，股價淨值比也是一項財務高手在投資時常考察的指標。它的計算公式如下：

股價淨值比＝每股股票價格／每股淨資產

作為一項投資時的考察指標，股價淨值比與本益比相比，有兩個優勢。首先，淨資產數值通常是正的，所以當一家企業利潤為負數，即本益比失效的時候，股價淨值比仍可參考。例如新創企業，在早期融資時往往處於虧損階段（即利潤為負），這時私人股權投資機構，就可以使用股價淨值比作為另一項估值指標。其次，每股淨資產通常比每股收益穩定，因此當每股收益大幅波動的時候，股價淨值比相對之下更可靠。

33 | 看財報，豎著比自己，橫著比同行

前一節介紹的比率分析常被用於對某一特定時間點（例如年末或季末）的財務分析，但這種分析方式有很大的局限性，即無法反映企業經營的發展和變化趨勢。

舉個例子，谷歌於 2004 年上市，之後五年內規模迅速擴大。其年報顯示，2009 年公司的銷售額達到 237 億美元。如果單看這個銷售數字，大部分人可能會認為其發展非常好。然而，如果我們考察 2004～2009 年谷歌的銷售成長率（即當年和上一年銷售成長的變化，見下頁圖 4-2）就會發現，谷歌上市後，其銷售成長率一直在下降，從上市當年的超過 110%，下滑到 2009 年的不到 10%。這個變化趨勢顯然是單一時點的財務資料所無法捕捉到的資訊。

豎著比

為了彌補比率分析的不足之處，財務分析還提供了一種工具，俗稱豎著比，也就是和企業自己的歷史業績比較。豎著比的目的，是觀察企業本身經營績效的變化趨勢，谷歌的成長率分析

圖4-2　谷歌2004～2009年銷售成長率

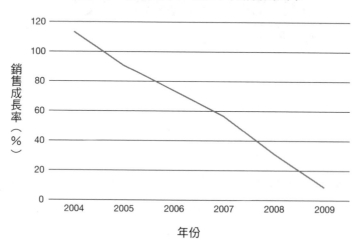

資料來源：根據谷歌年度財務報告中的財務數據計算得出。

就是一個例子。

　　除了單一指標（例如銷售額）可以豎著比，整張財務報表也可以豎著比。一種常用的方法是編製「趨勢報表」，即以特定年份的報表為基數，將此後各年報表中的相關專案以基數的百分比呈現（如右頁表4-1）。

　　以美國最大的服裝公司之一，蓋璞公司（GAP）1990～1996年的損益表為例，我們可以將1990年作為基準年，計算蓋璞公司1991年的銷售額比1990年增加了多少。表4-1顯示，該公司1991年的銷售額相較1990年的成長幅度，是30.26％。類似的，1992年的銷售額比1990年增加了17.53％。可以看到，蓋璞公司銷售額的成長幅度在1992～1993年呈下降趨勢，在1994～1996年有所回升。同理，還可以將銷售成本以年度比

較，1991 年的銷售成本比 1990 年增加了 25.99％，1992 年的銷售成本比 1990 年增加了 23.90％，以此類推。

表4-1 蓋璞公司及其旗下企業合併損益表（趨勢報表）

公司名稱	1990	1991	1992	1993	1994	1995	1996
銷售淨額	–	30.26%	17.53%	11.33%	12.96%	18.06%	20.23%
銷售成本	–	25.99%	23.90%	7.57%	10.14%	20.27%	17.01%
銷售毛利	–	36.94%	8.36%	17.51%	17.21%	14.92%	25.00%
場地費用 （不包括折舊和攤銷）	–	24.52%	47.14%	10.17%	26.28%	6.25%	7.87%
銷售、一般和管理費用	–	26.75%	14.86%	13.15%	14.08%	17.68%	26.46%
折舊和攤銷	–	35.76%	36.67%	25.55%	19.22%	18.04%	8.96%
營業利潤	–	57.03%	-8.20%	23.89%	21.78%	9.83%	28.04%
利息費用（淨額）	–	14.51%	6.81%	-78.50%	-1447.59%	44.90%	23.12%
稅前利潤	–	56.49%	-8.34%	25.03%	24.58%	10.56%	27.91%
所得稅	–	52.48%	-8.34%	28.90%	25.60%	10.56%	27.91%
稅後利潤	–	59.06%	-8.34%	22.65%	23.92%	10.55%	27.91%

資料來源：根據蓋璞公司1990～1996年度財務報告計算得出。

　　另一種常用的豎著比方法是編製「同比報表」，即將損益表（資產負債表）的各個項目分別表示為占銷售收入（資產總額）的百分比（如下頁表 4-2）。

　　表 4-2 同樣是蓋璞公司 1990～1996 年的損益表，但是換了一種觀察角度，即把每個會計科目都換算成占當年銷售額的百分比。例如 1990 年的銷售成本占當年銷售額的 61％，場地費用占

當年銷售額的 0.42%；以此類推。

同比報表的優勢，在於可以讓我們清楚看到哪類費用占銷售額的比例最高，以及其變化趨勢。我們從表4-2中可以看到，蓋璞的費用結構在1990～1996年相對穩定。其中，「銷售、一般和管理費用」占比最高。管理者如果想要透過降本增效來提升利潤，應該首先考慮減少這部分的費用。

表4-2　蓋璞公司及其旗下企業合併損益表（同比報表）

公司名稱	1990	1991	1992	1993	1994	1995	1996
銷售淨額	100.00%	100.00%	100.00%	100.00%	100.00%	100.00%	100.00%
銷售成本	-61.00%	-59.00%	-62.20%	-60.10%	-58.60%	-59.70%	-58.10%
銷售毛利	39.00%	41.00%	37.80%	39.90%	41.40%	40.30%	41.90%
場地費用（不包括折舊和攤銷）	-0.42%	-0.40%	-0.50%	-0.49%	-0.55%	-0.50%	-0.44%
銷售、一般和管理費用	-23.49%	-22.85%	-22.34%	-22.70%	-22.93%	-22.85%	-24.04%
折舊和攤銷	-2.77%	-2.89%	-3.36%	-3.79%	-4.00%	-4.00%	-3.62%
營業利潤	12.33%	14.86%	11.61%	12.92%	13.93%	12.95%	13.80%
利息費用（淨額）	-0.07%	-0.14%	-0.13%	-0.02%	0.29%	0.36%	0.37%
稅前利潤	12.25%	14.72%	11.48%	12.89%	14.22%	13.31%	14.16%
所得稅	-4.78%	-5.59%	-4.36%	-5.05%	-5.62%	-5.26%	-5.60%
稅後利潤	7.47%	9.13%	7.12%	7.84%	8.60%	8.06%	8.57%

資料來源：根據蓋璞公司1990～1996年度財務報告計算得出。

橫著比

豎著比是企業和自己的歷史業績相比，但這種方法也有其局限性，即無法告訴我們該企業在同行之間的相對表現。證券分析師在為一家企業估值、提供股票推薦意見時，往往會同時提供其他對標公司的估值和股票推薦意見。因此，財務報表分析提供了另一種觀察企業情況的方法，那就是同行之間橫著比。

表4-3　格力電器、美的集團、海爾集團2014年運營指標對比

單位：次

	格力電器	美的集團	海爾集團
應收帳款周轉率	61.08	16.39	18.45
存貨周轉率	8.10	6.99	8.92
總資產周轉率	0.95	1.30	1.31
固定資產周轉率	9.50	7.24	14.26

資料來源：根據三家公司年度財務報告數據計算得出。

我們如果要評價格力電器 2014 年的營運管理效率，可以將其和同產業中的兩家對標企業——美的集團和海爾集團比較。我們從表 4-3 中可以發現，格力電器的應收帳款周轉率遠高於其他兩家企業，這說明它在應收帳款的管理能力較強，對下游廠商有著更強的話語權，資金回收速度較快。另外，格力電器的存貨周轉率和固定資產周轉率都處於中間水準，但其總資產周轉率在三

家企業中處於最低水準，這說明在應收帳款、存貨、固定資產之外的某種重要因素，拉低了格力電器的總資產周轉率。在與同產業中的其他企業比較之後，企業就會知道應該在哪些方面改進。

小米的利潤率承諾

豎著比和橫著比這兩種分析方法還可以幫我們解讀一家企業的真實意圖。

以 2018 年在業內引起一片譁然的「小米 5% 利潤率承諾」為例。在 2018 年小米上市前，其創辦人雷軍召開了一場新品發布會，並在發布會的最後作了一份公開承諾：「小米的硬體綜合淨利率永遠不會超過 5%。如果有超過的部分，公司會將其全部返還給使用者。」小米可能是第一家公開限制自家產品利潤率的企業。當雷軍這句話說完，全場一片沸騰。粉絲們都非常激動，覺得小米果然如其企業座右銘「感動人心、價格公道」。

但是，如果我們做個簡單的豎著比和橫著比的分析，就會發現小米這個利潤承諾，表面上是給其使用者的福利，實際上更像一場被會計語言包裝過的行銷秀。為什麼呢？

我們先來豎著比，小米在其財務報表中雖然沒有直接公布其硬體淨利率，卻公布了硬體的毛利率，2015 年和 2016 年分別是負 0.2% 和 4.4%。毛利率減去行銷、管理、研發這些費用所占的比率，剩下的才是淨利率。所以，基於歷史業績，我們可以合理推測，小米的硬體淨利潤率根本就很難達到 5%。

我們再來橫著比，其他硬體企業的淨利潤率是多少呢？根據

萬得資料庫的資料，硬體產業 2015 年和 2016 年的平均淨利率是 2.7％ 和 4.2％。即使是行業的領頭企業海爾，其 2016 年的淨利潤率也只有 5.6％。

基於小米的歷史資料和與其他企業的對比，我們可以得知，硬體產品淨利潤率能達到 5％ 的企業少之又少。

這麼一推算，我們就能發現，小米做出 5％ 的承諾其實沒有任何實際上的意義，因為這本來就很難做到。

這就好比你想租房子，房東說看你人很好，最多收你每月 2,000 元房租。結果你查了一下這套房子的歷史資料，發現它的租金從沒超過 2,000 元；再對比一下周圍房子的租金，大多數房子的租金甚至都沒超過 1,000 元。所以房東說的話，只不過是變相賣了你一個人情而已。

雷軍的外號是「雷布斯」，因為他和賈伯斯一樣，喜歡穿牛仔褲和黑色 T 恤。那麼賈伯斯等人創辦的蘋果公司，會作出 5％ 淨利率的承諾嗎？

如果我們查閱蘋果公司的年報，就可以看到 2017 年蘋果公司在全球共賣出約兩億部 iPhone，銷售額約為 1,400 億美元。雖然蘋果公司沒有公開 iPhone 的毛利率，但是根據證券分析師的估計，蘋果公司的硬體毛利率可能可以達到 36％，而小米只有不到 5％。其銷售額和利潤率這麼高，蘋果公司當然不會在限制自家硬體淨利率上作出承諾。

34 | 哈佛分析框架之實戰演練

前文介紹了財務報表分析的前沿思路——哈佛分析框架，以及常用的財務分析工具。這一節，我會透過東阿阿膠（按：中國保健食品與成藥、中藥製造商。其主要產品阿膠，為驢皮煎煮濃縮後的固體動物膠，含約 80% 的蛋白質）這家企業的財務報表分析，來展示哈佛分析框架具體上是如何應用的。

戰略分析

戰略分析是哈佛分析框架的起點，我們在分析一家企業的財務報表之前，要先搞清楚企業所處的經營環境、所在產業是什麼樣的，其市場規模有多大、競爭有多激烈。另外還要搞清楚這家企業的商業模式是什麼，即生意是怎麼做的，持續發展的核心驅動因素又是什麼。

怎樣才能快速了解企業是做什麼生意的呢？有兩種方法。

首先，我們可以在網路上查閱企業資料，或者閱讀其財務報告中的企業簡介，以獲得該企業的一些基本資訊：東阿阿膠於1952 年建廠，1993 年由中國國有企業改制為股份制企業，1996

年成為上市公司，目前是中國最大的阿膠及相關產品生產業。

　　其次，我們可以從企業財務報告中的收入構成，進一步獲得企業的業務範圍、規模等更具體的資訊。例如除了營業收入總額，企業也經常會在財務報告中公布營業收入的構成，常見的維度包括業務板塊、地域分布，以及商業模式。收入構成資訊非常重要，它能告訴我們企業在哪些業務板塊和地區集中火力布局。

　　下頁表4-4是東阿阿膠2018年年報中公布的收入構成資訊。從產業分布來看，2018年東阿阿膠的主要收入來自醫療工業。從產品角度來看，阿膠系列產品的營業收入約為63億元，占2018年總收入的86.08％，其他產品僅占其總收入不到14％。以此可以初步判斷，東阿阿膠是一家專注於其主營業務的企業，主要是做阿膠生意的。從地域分布來看，中國華東地區是東阿阿膠的銷售主場，占了2018年總收入的52.08％。

　　那麼阿膠的市場規模有多大？競爭有多激烈？東阿阿膠又處在市場中的什麼位置呢？這些資訊可以透過產業研究報告獲得。根據中康資訊CMH（按：中國醫療健康領域資訊與數據公司）的資料顯示，2017年中國零售市場阿膠總銷售規模為126億元，同比成長14.9％。前五位廠商的集中度為91.3％，位列前兩位的東阿阿膠和山東福膠分別占據62.9％和18.8％的市場占有率。據此可知，東阿阿膠所處的市場特點是「小市場、大企業」，產業集中度高，而東阿阿膠則是其產業中的龍頭企業。

　　小市場中的龍頭企業想要保持領先優勢，主要靠壟斷市場。壟斷又靠什麼呢？一方面是掌控管道，另一方面是掌控原物料。因此，在做進一步分析之前，財務高手就明白，東阿阿膠對管道

表4-4　東阿阿膠 2018 年營業收入分析

單位：元

	2018 年度		2017 年度		同比增減
	金額	占營業收入比重	金額	占營業收入比重	
營業收入合計	7,338,316,223.18	100%	7,372,340,332.18	100%	-0.46%
分行業					
醫藥工業	6,388,675,472.14	87.06%	6,417,581,259.15	87.05%	-0.45%
醫藥商業	56,719,829.18	0.77%	136,311,855.10	1.85%	-58.39%
其他	874,669,068.05	11.92%	791,029,584.87	10.73%	10.57
其他業務	18,251,853.81	0.25%	27,417,633.06	0.37%	-33.43%
分產品					
阿膠系列產品	6,316,799,588.93	86.08%	6,288,981,740.82	85.31%	0.44%
醫藥貿易	56,719,829.18	0.77%	136,311,855.10	1.85%	-58.39%
其他	946,544,951.26	12.90%	919,629,103.20	12.47%	2.93%
其他業務	18,251,853.81	0.25%	27,417,633.06	0.37%	-33.43%
分地區					
華東	3,821,550,556.32	52.08%	3,856,182,768.87	52.31%	-0.90%
華南	881,905,127.37	12.02%	1,028,335,068.72	13.95%	-14.24%
西南	648,991,108.36	8.84%	734,381,184.13	9.96%	-11.63%
華北	537,959,410.40	7.33%	556,754,491.28	7.55%	-3.38%
西北	216,047,948.26	2.94%	229,701,815.34	3.12%	-5.94%
華中	881,606,199.37	12.01%	625,842,375.63	8.49%	40.87%
東北	266,730,848.26	3.63%	266,205,216.94	3.61%	0.20%
其他	65,273,171.03	0.89%	47,519,778.21	0.64%	37.36%
其他業務	18,251,853.81	0.25%	27,417,633.06	0.37%	-33.43%

資料來源：東阿阿膠 2018 年年度財務報告。

和原物料掌控能力的變化，是需要重點關注的資訊。

　　阿膠的主要原物料是驢皮，因此，毛驢的存欄量（按：飼養中的牲畜頭數）直接關係到阿膠的生產成本。跟據《中國畜牧業年鑑》統計，中國毛驢的存欄量逐年急劇下降。1997 年，中國毛驢存欄量約為 1,100 萬頭，而到了 2017 年底，毛驢存欄量僅剩約 500 萬頭。與此同時，隨著阿膠行業規模的擴大以及新的競爭者越來越多，驢皮的需求量不斷擴大，這直接導致驢皮價格不斷上升，2016 年的價格達到每張 2,500 元。

　　面對原物料價格的大幅上漲，東阿阿膠採取了什麼樣的應對策略呢？據不完全統計，2010～2018 年，東阿阿膠旗下相關產品共漲價了 15 次。其中，2014 年漲價幅度最大，跟據其 2014 年年報，產品出廠價格提高了 50%。可以看出，東阿阿膠將漲價作為應對策略之一，將成本的增加轉嫁給消費者。

　　至此，我們可說已完成對東阿阿膠的戰略分析。

會計分析

　　接下來，我們便可以在戰略分析的基礎上做會計分析了。前文講過，會計分析的目的在於，評價財務報表反映企業經營現實的程度。財務高手在做會計分析時，主要關注三個維度：

1. 影響企業績效最重要的會計政策是什麼？
2. 哪些會計政策發生了變化？
3. 和同行其他企業相比，哪些會計政策的差異巨大？

　　東阿阿膠是典型的生產型企業，從其 2018 年的資產負債表中可以看到（詳見附錄），其存貨占總資產的 24.27％，是占比最高的資產科目。報表附註也公布，存貨按照成本初始計量；發出存貨，採用加權平均法確定其實際成本；低值易耗品和包裝物則採用一次轉銷法攤銷；存貨的盤存制度，則採用永續盤存制；期末存貨採用成本與可變現淨值孰低法。這些做法在生產型企業中較為常見，格力電器等製造業使用的也是類似的方法。因此，東阿阿膠的存貨會計處理並沒有發現顯著異常。

　　除了考察重要的會計政策，我們還需要考察哪些會計政策發生了變化。東阿阿膠於 2018 年 3 月的公告顯示，公司在會計估計上，對生產性生物資產，也就是種驢的折舊年限及殘值率做了更動。種驢的折舊年限從五年變更為十年，殘值率從 5％ 變為 60％。簡單來說，就是要延遲種驢的退休年齡，讓驢媽媽們在更長的時間內產下更多的驢寶寶。

　　從表面上看，這個會計政策的變化非常大，但是它對企業利潤的實際影響有多大呢？根據其公告，這個會計政策的變更預計會讓東阿阿膠每年的盈利增加 325.55 萬元。然而，如果看東阿阿膠 2018 年的整體業績，我們就會發現，企業當年不僅盈利，利潤還超過了 20 億元。因此，變更種驢折舊的會計政策對當期利潤的影響其實微乎其微。

　　在阿膠產業中，目前僅有東阿阿膠是上市公司。由於山東福膠集團等對標企業都不是上市企業，我們無法獲得其會計政策的相關資訊。如果未來這些企業上市，那麼我們可以將東阿阿膠的會計政策選擇和這些企業對比，考察其是否存在顯著差異。

第四章　如何快速把脈一家上市公司

圖4-3　東阿阿膠會計估計變更說明

一、會計估計變更的內容：
　　（一）變更前：成熟生產性生物資產的成齡種驢，按照年限平均法計提折
　　　　　舊，折舊年限為五年，淨殘值率為5%。
　　（二）變更後：成熟生產性生物資產的成齡種驢，按照年限平均法計提折
　　　　　舊，折舊年限為十年，淨殘值率為60%。

二、本次會計估計變更對財務報表的影響及變更時間：
按照（中國）《企業會計準則》規定本次會計估計變更採用未來適用法，不改
變以前期間的會計估計，也不調整以前期間的報告結果。
會計估計變更後，根據測算預計影響每年增加淨利潤325.55萬元。

資料來源：東阿阿膠於2018年3月發布的《關於公司會計估計變更的公告》。

財務分析

　　了解東阿阿膠所在產業、戰略和會計政策選擇之後，我們就
可以根據哈佛分析框架進行第三步的財務分析了。

　　在做具體的分析之前，我們先了解一下東阿阿膠2018年的
整體表現。下頁圖4-4是其主營業務收入豎著比的結果。從中可
見，雖然東阿阿膠的收入規模在過去不斷擴大，但其在近幾年，
明顯遇到了困境。2018年的主營業務收入不但沒有成長，反而
出現了下滑。

　　我們還可以進一步分析收入成長速度的變化趨勢。

　　從下頁圖4-5中可以看到，東阿阿膠主營業務收入的成長速
度確實出現了下滑趨勢。除了2018年，2014年也出現過一次大
幅下滑。這兩年發生了什麼呢？前文講過，為了對沖原物料成本
上漲的壓力，東阿阿膠這些年一直在使用漲價策略，其中2014
年漲價得最狠。然而在漲價之後，收入成長明顯下滑了，這說明

圖4-4　東阿阿膠2008～2018年主營業務收入

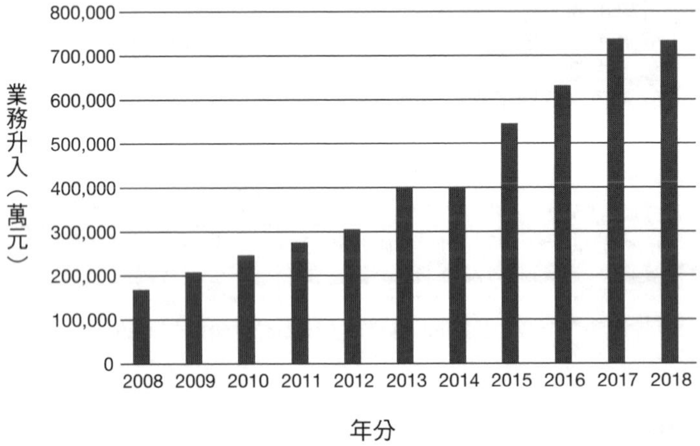

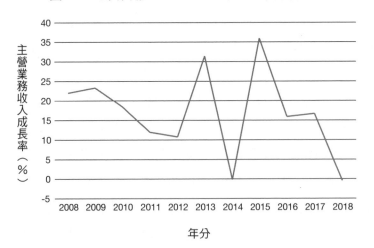

資料來源：根據東阿阿膠2008～2018年年度財務報告中相關資料繪製。

圖4-5　東阿阿膠2008～2018年主營業務收入成長率

資料來源：根據東阿阿膠2008～2018年年度財務報告中相關資料繪製。

消費者對阿膠產品的價格有一定的敏感度。東阿阿膠還做不到像自己所說的「藥中茅臺」（按：茅臺酒為中國名酒之一，此處應用來比喻受消費者追捧的明星商品），讓價格提升的同時也提升品質。因此，東阿阿膠的漲價策略在未來的可持續性，顯然是一個風險因子。

接下來，我們可以進一步考察東阿阿膠在償債能力、營運能力、盈利能力、價值創造這四個維度的表現。

1. 償債能力

東阿阿膠的短期償債能力如何？這一點可以從流動比率來看。由圖4-6可以看出，東阿阿膠的流動比率常年在3以上，遠高於1這條底線，可以說相對安全。此外，東阿阿膠的現金流量

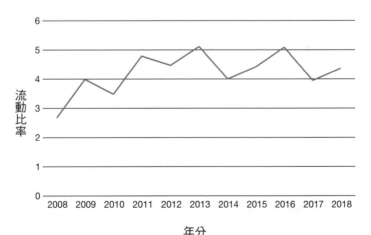

圖4-6　東阿阿膠 2008～2018 年流動比率

資料來源：根據東阿阿膠2008～2018年年度財務報告中相關資料繪製。

比率，長期在 40% 以上，明顯高於 A 股上市公司的平均值（見圖 4-7）。

我們如果進一步關注東阿阿膠在 2018 年的現金流量表（詳見附錄）中的現金構成，就可以發現其經營活動現金流為正，同時籌資活動現金流為負，也就是說，東阿阿膠的現金主要靠自己的經營活動產生，並沒有大舉進行外部融資活動。

整體來說，東阿阿膠的短期償債能力很不錯。

那麼，它的長期償債能力呢？從右頁圖 4-8 可以看出，東阿阿膠的資產負債率常年穩定保持在 20% 左右，而且略有下降的趨勢，顯著低於上市公司的平均水準。

我們透過進一步考察即可發現，東阿阿膠的負債構成，大多是應付款及其他應付款項等流動負債，非流動負債僅占負債總額

圖4-7　東阿阿膠 2008～2018 年現金流量比率

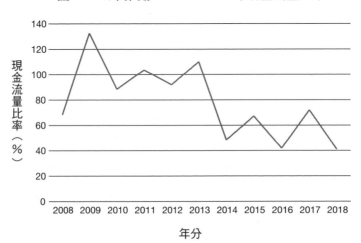

資料來源：根據東阿阿膠 2008～2018 年年度財務報告中相關資料繪製。

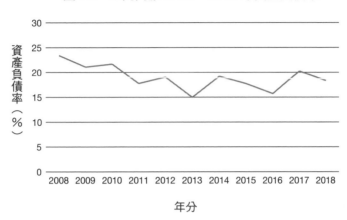

圖4-8　東阿阿膠 2008～2018 年資產負債率

資料來源：根據東阿阿膠2008～2018年年度財務報告中相關資料繪製。

的 2.29％。

　　我們基於償債能力分析可以推斷出，東阿阿膠的短期償債能力和長期償債能力都非常強，高於同行業的平均水準，企業的財務風險較小。此外，它具有很強的現金支付能力。

　　不過，企業不缺錢，不代表資金的使用效率高。東阿阿膠的現金比率長期在 40％ 以上，遠高於上市公司平均。另外，其他流動資產（如下頁表 4-5 所示）進一步顯示，公司帳上有 27 億元的理財產品。

　　如果企業也有星座，東阿阿膠大概就是金牛座的，其財務政策偏保守，手裡握有大量現金，而且沒有利用財務槓桿提升股東權益報酬率。前文講過，企業要學會合理使用槓桿，用別人的錢賺錢。如果東阿阿膠能優化資本結構，提升資產負債率，其股東權益報酬率將會有更大的提升空間。

表4-5　東阿阿膠 2018 年其他流動資產

	2018 年	2017 年
待抵扣進項稅額	14,222,591.83	74,751,781.34
理財產品	2,705,864,281.27	2,940,218,019.19
預付房租等	—	9,656,407.85
合計	2,720,086,873.10	3,024,626,208.38

資料來源：東阿阿膠2018年年度財務報告。

2. 營運能力

　　我們再看看東阿阿膠的營運能力。前文的戰略分析中說過，東阿阿膠作為龍頭企業，對市場的持續壟斷表現在：

　　其一，對上下游有足夠的話語權，這點可以從應收帳款和應付帳款的相關指標（包括年度變化和周轉率等）中看出。

　　其二，對原物料有足夠的掌控能力，這點可以從存貨相關指標（包括年度變化和周轉率等）中看出。

　　前文在討論 OPM 戰略的時候講過，龍頭企業的競爭優勢，表現在可以將營運資本壓力轉嫁給其上、下游企業。然而，東阿阿膠 2018 年的財務報表顯示，它的話語權明顯下降了。其 2018 年比 2017 年的應收帳款增加了近四億元，占總資產的比例從 4.08％ 增加到 6.51％，而且 2018 年的銷售額是下降的。進一步分析應收帳款轉率，和應收帳款周轉天數便會發現（見右頁表 4-6 和圖 4-9），其應收帳款周轉率明顯下滑，應收帳款周轉天數則顯著上升。由此可以推測兩個合理的可能性：

　　第一，東阿阿膠在使用放寬信用的方式向管道壓貨，減少製

表4-6　東阿阿膠 2008～2018 年周轉情況

單位：次

年份	2008	2009	2010	2011	2012	2013	2014	2015	2016	2017	2018
應收帳款周轉率	18.61	17.74	19.52	29.81	38.31	28.32	27.04	25.69	18.21	16.55	10.43
存貨周轉率	4.98	5.40	5.59	3.70	2.26	3.08	1.37	1.21	0.88	0.78	0.72
固定資產周轉率	5.72	6.05	6.44	6.21	6.06	6.83	4.05	4.03	4.52	4.70	4.25
總資產周轉率	0.96	0.83	0.73	0.71	0.64	0.71	0.60	0.68	0.68	0.66	0.56

資料來源：根據東阿阿膠2008～2018年公布的財務資料計算得出。

圖4-9　東阿阿膠 2008～2018 年應收帳款周轉天數

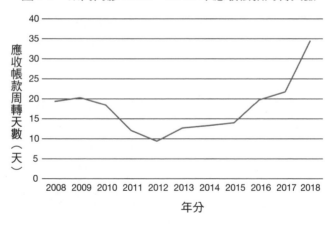

資料來源：根據東阿阿膠 2008～2018 年年度財務報告中相關資料繪製。

成品的庫存。

第二，東阿阿膠與供應商博弈的優勢與談判權降低了。此外，東阿阿膠的應付帳款在 2018 年時只有 2.096 億元，比 2017 年減少了近六億元，這進一步說明，企業對上下游的掌控能力變弱了。

那麼，對原物料的掌控能力，又如何在財務報表中表現的呢？其主要表現在存貨中，如圖 4-10 和右頁圖 4-11 所示，2018 年之前，東阿阿膠的存貨一直在增加，這直接導致其存貨周轉天數的上升。

根據東阿阿膠財務報告，2018 年公司存貨包括了原物料、在製品、庫存商品、周轉材料、包裝物、委託加工物資、發出商品及消耗性生物資產。從存貨結構來看，東阿阿膠的存貨主要由原物料及庫存商品兩類構成，占存貨總額的約 74%（即〔原材料＋庫存商品〕／存貨總額〔依東阿阿膠對 2018 年公司存貨的定義，「存貨總額」應為第 304 頁表 4-7 中 2018 年帳面餘額

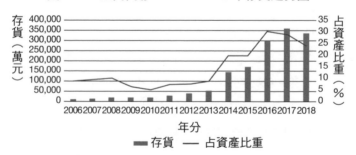

圖4-10　東阿阿膠 2006～2018 年存貨趨勢圖

資料來源：根據東阿阿膠 2006～2018 年年度財務報告中相關資料繪製。

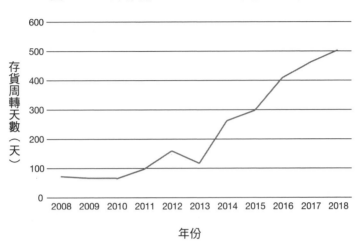

圖4-11　東阿阿膠 2008～2018 年存貨周轉天數

資料來源：根據東阿阿膠 2008～2018 年年度財務報告中相關資料繪製。

總計，具體資料參見表 4-7〕）。這和驢皮的市場供給量一直下降，企業為了控制成本而囤積原物料有關。過去這些年，東阿阿膠的原物料庫存不斷增加，說明它在大規模囤積驢皮。

　　但囤貨只是權宜之計，要想長期解決原物料緊缺問題，必須要從源頭出發。從東阿阿膠 2018 年年報中公布的 2019 年工作計畫（見第 305 頁圖 4-12）可以看出，東阿阿膠一直在試圖解決原物料緊缺的問題，自建養殖場。

　　結合東阿阿膠 2018 年年報中的具體投資項目可以看出，東阿阿膠試圖從根本上解決其原物料問題（見第 306 頁表 4-8）。財務分析，強調指標之間的互相證明。有重大投資，就會有大量投資現金流的支出，這點可以從現金流量表中檢驗（見第 307 頁表 4-9）。

表4-7　東阿阿膠 2018 年存貨情況

	2018 年			2017 年		
	帳面餘額	跌價準備	帳面價值	帳面餘額	跌價準備	帳面價值
原物料	1,821,953,172.42	412,928.30	1,821,540,244.12	1,954,062,546.68	—	1,954,062,546.68
在製品	817,688,433.31	—	817,688,433.31	821,521,514.15	—	821,521,514.15
庫存商品	665,240,045.74	—	665,240,045.74	684,552,275.62	—	684,552,275.62
周轉材料	277,774.44	—	277,774.44		—	—
在途物資	—	—	115,294.00	115,294.00	—	115,294.00
包裝物	25,556,008.88	5,178.25	25,550,830.63	25,451,196.24	156,920.11	25,294,276.13
委託加工物資	192,448.36	—	192,448.36	184,840.56	—	184,840.56
發出商品	2,026,087.14	—	2,026,087.14	52,646,801.13	—	52,646,801.13
消耗性生物資產	36,224,710.47	1,853,361.98	34,371,348.49	68,549,914.05	—	68,549,914.05
合計	3,369,158,680.76	2,271,468.53	3,366,887,212.23	3,607,084,382.43	156,920.11	3,606,927,462.32

資料來源：東阿阿膠 2018 年年度財務報告。

圖4-12　東阿阿膠2018年年度財務報告中關於2019年工作計畫的內容

2019年工作計畫
1. 行銷：做大產品、做強品牌、優化和拓展管道。阿膠持續轉向高級養生客群，升級體驗旅遊與熬膠兩大特色；複方阿膠漿，定位是氣血雙補，突破「藥品」傳統的認知，利用氣血雙補醫學原理的傳統認知，開創「氣血保養」日常消費；阿膠糕則繼續向高收入消費者深耕，建立高端品牌形象店，打造會員體驗，實現布局上的成長。
2. 原料：創新毛驢產業模式，開發活絡的循環，增強原料掌控能力。打造「毛驢管理＋金融服務＋驢交所＋深度加工」的產業新模式，創建驢糧廠、屠宰場、驢交所、驢奶廠，以及覆蓋全產業鏈的產業群；把毛驢當藥材養，開發活絡的循環，全面提升毛驢整體價值。
3. 研發：加快新產品、新劑型的研發。以阿膠為核心，向「阿膠＋」「＋阿膠」產品線延伸、推進化妝品系列產品的研發。持續推進標準建設，透過全產業標準及示範，提升品牌形象。推進阿膠、複方阿膠漿兩大產品的二次開發，提升毛驢綜合價值，為毛驢養殖提供技術支撐。
4. 組織能力：組織能力建設，是實現戰略目標的原動力，公司堅持ISO9000八大管理原則、卓越績效模式、以「1圖1卡2表1會＋OKR」管理機制為重點，用戰略地圖描述戰略，平衡計分卡衡量戰略，績效考核表管理戰略，用業績診斷與聯合工作會議，提升協同效率。

資料來源：東阿阿膠2018年年度財務報告。

　　不過需要注意的是，即使有現金流的支出，也不代表這些投資項目一定存在。例如中國證券史上最大的財務造假案件「藍田神話」，其財務造假的手段之一就是大量虛構的生態基地、魚塘升級改造等投資項目。因此，要想判斷東阿阿膠投資的這些專案是否真的存在，需要投資者實地考察一番。

　　基於營運能力分析可以推斷出，東阿阿膠2018年的應收帳款上升，應付帳款下降，這說明它對上、下游企業的控制正在減弱，這是一個紅色警訊。從長期成長角度來看，東阿阿膠為了從源頭上解決原物料問題，正在整個產業鏈布局，向上、下游延伸。這些投資使用的是自有資金，並且以企業內部自行擴張為

表4-8　東阿阿膠 2018 年在建工程

	2018 年				2017 年		
	帳面餘額	跌價準備	帳面價值	帳面餘額	跌價準備	帳面價值
驢皮原料搬遷項目	40,889,411.11	—	40,889,411.11	17,342,861.51	—	17,342,861.51
驢屠宰加工項目	37,919,763.90	—	37,919,763.90	8,756,703.73	—	8,756,703.73
養驢場	35,445,151.63	—	35,445,151.63	32,835,866.07	—	32,835,866.07
技術中心綜合樓	21,072,542.73	—	21,072,542.73	5,469,313.50	—	5,469,313.50
內蒙古黑毛驢原料基地建設專案	20,272,883.38	—	20,272,883.38	7,986,036.32	—	7,986,036.32
阿膠科技產業園	18,089,920.22	5,178.25	18,089,920.22	44,712,702.04	—	44,712,702.04
IT 核心網路升級及機房建設	11,350,555.43	—	11,350,555.43	3,813,254.99	—	3,813,254.99
毛驢交易中心工程項目	9,986,719.63	—	9,986,719.63	3,048,131.03	—	3,048,131.03
東阿阿膠養殖基地擴建	9,341,294.98	—	9,341,294.98	8,286,044.57	—	8,286,044.57
毛驢博物館裝修、展陳	6,130,570.64	—	6,130,570.64	—	—	—
東阿阿膠聊城博物館	6,065,738.09	—	6,065,738.09	6,057,645.83	—	6,057,645.83
旅遊服務區景觀	4,896,385.71	—	4,896,385.71	9,630,375.62	—	9,630,375.62

資料來源：東阿阿膠 2018 年年度財務報告。

表4-9　東阿阿膠 2018 年投資活動現金流構成

年份	2008	2009
收回投資收到的現金	4,037,274,957.60	3,095,944,800.53
取得投資收益收到的現金	102,496,575.64	91,166,244.91
處置固定資產、無形資產和其他長期資產收回的現金淨額	—	—
收到其他與投資活動有關的現金	7,351,169.33	13,862,432.15
投資活動現金流入小計	4,147,970,175.93	3,202,760,314.32
購建固定資產、無形資產和其他長期資產支付的現金	249,325,798.82	313,936,577.78
投資支付的現金	3,817,030,000.00	3,722,804,937.33
質押貸款淨增加額	—	—
取得子公司及其他營業單位支付的現金淨額	—	—
支付其他與投資活動有關的現金	17,501,463.37	—
投資活動現金流出小計	4,083,857,262.19	4,036,741,515.11

資料來源：東阿阿膠 2018 年年度財務報告。

主，並非併購的成長模式。

3. 盈利能力

　　最後，我們來考察一下東阿阿膠的盈利能力。過去幾年，其股東權益報酬率維持在20％左右，近年略有下滑。一家企業的盈利波動假如很大，就表示它可能處於一個極端不穩定的產業，或者遭受競爭對手的攻擊。

　　除了利潤水準，我們還可以考察利潤的含金量，也就是淨利

潤中的經營現金流比例有多高。前文講過，從長期來看，一家健康的企業的現金流和利潤水準應該逐漸趨於一致。我們從右頁圖 4-14 中可以看到，東阿阿膠的經營現金流量，與淨利潤的比率在不斷下降，這主要是由於東阿阿膠不斷增加的應收帳款和存貨，這也是一個危險的警訊。

4. 價值創造能力

東方財富網（按：中國網路財經媒體）的資料顯示，作為一家上市公司，東阿阿膠 2018 年年底的本益比是 12.7，股價淨值比是 2.47。它在上市之後累計分紅超過 20 次，分紅率為 35.1%，可以說是股東回報相當好的一家企業。

前景分析

哈佛分析框架的最後一個步驟，是前景分析，即基於前三個步驟的分析，來判斷企業未來的發展潛力。對東阿阿膠來說，未來能否可持續成長取決於兩個核心問題：**漲價策略是否可行？原物料問題是否能被有效解決？**

東阿阿膠這些年一直透過漲價，以對應驢皮價格上漲的壓力。通常來說，漲價策略是否成功與商品屬性有關。商品屬性可以分為三個種類。

第一種商品具有「價格彈性」，即產品的需求，容易受到價格的影響。當價格上漲，產品的銷量就會下降；反之，產品的銷量就會上升。第二種商品的需求則不容易受到價格的影響，無論

圖4-13　東阿阿膠 2008～2018 年股東權益報酬率

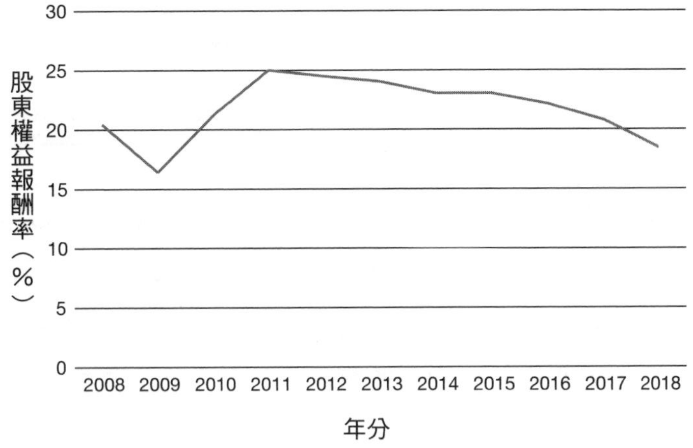

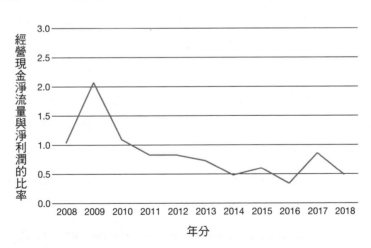

資料來源：根據東阿阿膠 2008～2018 年年度財務報告中相關資料繪製

圖4-14　東阿阿膠 2008～2018 年經營現金淨流量與淨利潤的比率

資料來源：根據東阿阿膠 2008～2018 年年度財務報告中相關資料繪製

價格是上漲還是下跌，產品的需求都不會發生多大變化。對於這樣的產品，經濟學界稱之為「無價格彈性」或者「弱價格彈性」的產品，例如食鹽等。第三種商品，產品價格越漲，其需求就越旺盛，也就是會出現「量價齊升」的特殊現象，例如茅臺酒。

東阿阿膠的漲價戰略若想可持續，最理想的情況，顯然需要達到第三種商品屬性。然而，根據其過去的財務資料，顯然並未能達成此目標：提高價格後雖然提升了企業收入，銷售量卻下滑了。如果漲價策略不可持續，東阿阿膠就需要考慮自身未來的市場在哪裡，整個阿膠市場能否繼續成長，是否會有更多的人認可並消費阿膠。

因漲價策略不可持續而導致的另一個風險，是經銷商可能會減少庫存，也就是減少從東阿阿膠進貨。經銷商通常會在漲價前積極囤貨，等價格提高之後再以更高的價格賣出。如果經銷商有預期東阿阿膠產品的漲價速度即將趨緩，就會開始減少進貨，這會直接導致企業的業績下滑。透過財務分析可以看到，2018 年時東阿阿膠已經在用更優惠的賒銷政策向經銷商壓貨了。如果東阿阿膠未來不繼續漲價，經銷商進貨的動力就會更加不足。

除了漲價策略是否可持續這一問題，東阿阿膠還受到原物料問題的困擾。其實，驢皮供應短缺，是制約東阿阿膠以及整個產業發展的主要因素。養驢業正面臨週期過長、規模化養殖進程緩慢等問題。雖然東阿阿膠先後建立了多個「標準化養驢示範基地」，但是自行建造的基地中到底養了多少頭驢、能夠提供多少驢皮，東阿阿膠從未具體公布。而從原物料逐年增加的數據來看，東阿阿膠仍然主要依賴囤積驢皮來解決短期原物料面臨的瓶

頸。未來能否有效解決原物料問題，是決定其發展速度的一個重要因素。

　　東阿阿膠2018年的財務報表分析，是我在2019年5月完成的。2019年7月時，東阿阿膠發布了2019年半年業績預告。這份公告顯示，東阿阿膠2019年上半年淨利潤，預計同比下降75%～79%，是其十二年來首次出現淨利潤下降。前文中討論的2018年初現端倪的問題，到了2019年，顯然更進一步惡化了。詳情還需要等後續財務報告發布時，才能做進一步的分析。

附錄

財務報表基礎

01 | **財務報告基礎知識**

　　財務報告，是反映企業經營成果和財務情況的書面紀錄，也是企業向投資者定期交出的「成績單」。財務報告多久發布一次？在哪裡可以看到？包括哪些核心內容？為什麼會包含兩套報表？在附錄中，將會介紹這些財務報告的相關基礎知識。

財務報告發布的時間和頻率

　　根據相關規定，中國上市公司必須定期對外公布財務報告，非上市公司則沒有公布的義務。財務報告按照時間主要分為：季度報告、半年報和年報。不過季度報告比較簡單，資訊含量較少，所以我們在關注企業財務報告的時候，還是會以半年報和年報為主。

　　需要注意的是，年報中的「年」，指的是「會計年度」，而不是我們一般使用的「自然年」。根據中國會計法第 11 條規定，會計年度自 1 月 1 日起至 12 月 31 日止。因此，中國上市公司的會計年度和自然年正好重疊。（按：臺灣相關法律規定中，會計年度通常以每年 1 月 1 日起至 12 月 31 日止。但是法律另有

規定，或因營業上有特殊需要者，則不在此限）上市公司必須在會計年度結束之後，於下一年的 1 月 1 日至 4 月 30 日間公布其財務報告，也就是說，一家公司 2018 年的年報，將會在 2019 年 4 月 30 日之前對外發布。

但是，也有一些上市公司並不遵循這個時間，例如阿里巴巴就從來沒有在 4 月 30 日前發過年報，因為阿里巴巴是在美國上市的。美國對會計年度並沒有具體規定，上市公司可以自己決定起訖日期，因此會計年度和自然年，有可能是不同的。阿里巴巴的會計年度從每年的 4 月 1 日開始，至第二年的 3 月 31 日結束。所以，每年的 1～3 月，對中國國內的上市公司來說是第一季，對阿里巴巴來說卻是第四季。

財務報告從哪裡找

企業發布了財務報告之後，我們在哪裡能看到呢？在臺灣，常見的管道包括：企業官方網站、公開資訊觀測站、臺灣證券交易所 TWSE 及證券櫃檯買賣中心 OTC 網站，以及 Yahoo 奇摩股市、Anue 鉅亨網等財經網站。

上市公司通常會在自己的網站上發布財務報告。其官網上通常有一欄叫「投資者關係」，裡面會公布其財務報告和其他財務相關資訊。以東阿阿膠為例，其官網首頁的最下方有「投資者關係」一欄，點選進入後，就可以看到東阿阿膠的財務報告。不過，一些公司網站的更新速度非常慢，而且我們在其官網上只能下載到原始的、沒有加工的財務報告。上海交易所和深圳交易所

的官網也有類似的問題——只有公司的原始報告和相關公告。

對一般投資人來說，更加便捷的途徑是使用 Yahoo 奇摩股市、Anue 鉅亨網等商業網站。它們有幾個優勢：

1. 不僅提供原始的財務報告，還會把歷年的財務數據都摘錄出來，便於看到企業經營情況的變化趨勢。

2. 會把財務報表分析常用的指標都計算出來，可以直接使用，以便快速了解企業的經營成果和財務狀況。

3. 針對每家企業，還會提供其對標企業的情況，便於我們做同行業的橫向比較。

關注合併報表還是母公司報表

當你下載了一家公司的財務報告，打開發現裡面竟然包含了兩套財務報表，也就是有兩張資產負債表、兩張損益表、兩張現金流量表時，你可能會感到奇怪，這是怎麼回事呢？

仔細看這兩套報表的標題，你會發現其中一套叫「合併資產負債表」「合併損益表」「合併現金流量表」，另一套叫「母公司資產負債表」「母公司損益表」「母公司現金流量表」。

母公司指的是上市公司本身，所以母公司報表反映的僅是上市公司的財務情況。而上市公司往往會有一些控股子公司，因此，合併報表反映的不僅是上市公司自身的財務情況，還包括其所有控股子公司的財務情況。

一般來說，我們應該關心的是上市公司整體範圍內的財務情

況，所以在閱讀財務報表時，應該主要關注合併報表。

審計報告

上市公司的財務報告都是自行編製的，投資者自然會擔心企業會對財務資料動手腳，或者隱瞞了其真實經營情況。

為了抑制財務造假行為，上市公司被要求聘請會計師事務所作為公正第三方，審計財務報表的公允性，並出具審計報告。這份審計報告相當於一份**「品質鑑定書」**，審計師需要對財務報表是否已按適用的會計準則編製，是否在所有重大事項上都公允的反映被審計企業的財務狀況、經營成果和現金流量等方面發表意見。一般來說，只有年報和半年報需要審計，季度無須審計。

因此，財務高手在分析報表之前，會先閱讀審計報告（審計報告也會在財務報告中公布）。如果審計師認為企業的財務報告有問題，那麼，基於錯誤的資料，再多分析也是枉然。

財務高手在閱讀審計報告時，首先會看審計意見是什麼。審計意見有五種類型，具體如下：

1. 無保留意見：說明審計師認為企業的財務報表，已按照適用的會計準則的規定編製，並在所有重大事項都公允反映被審計者的財務狀況、經營成果和現金流量。

2. 修正式無保留意見：說明審計師認為企業的財務報表符合相關會計準則的要求，並在所有重大事項上都公允反映了被審計者的財務狀況、經營成果和現金流量，但是仍存在需要說明的事

項，例如對持續經營能力有重大疑慮，或重大不確定事項等。

3. 保留意見：說明審計師認為財務報表整體是公允的，但是存在影響重大的錯誤。

4. 否定意見：說明審計師認為財務報表整體是不公允的，或沒有按照適用的會計準則的規定編製。

5. 無法表示意見：說明審計師的審計範圍受到了限制，且其可能產生的影響是重大而廣泛的，審計師無法獲取充分的證據。

簡單來說，「無保留意見」是最好的情況。其他幾類意見按問題的嚴重程度分為：

修正式無保留意見＜保留意見＜無法表示意見＜否定意見

這四種意見傳遞的，都是負面信號，表示財務報表的品質存在不同程度的問題。從風險角度考慮，可以將財務報表的審計意見為這四種情況的企業剔除出分析範圍。

不過，會計師事務所出具了「無保留意見」，就代表企業的財務報表一定沒有問題嗎？在綠大地（按：中國生物科技業）、萬福生科（按：中國農產品加工業）、安隆公司這些企業的財務造假案被曝光前，審計這些企業的會計師事務所，都曾經出具了「無保留意見」的審計結果。

這些上市公司造假，審計為什麼查不出來呢？

一個原因是，會計師事務所是企業外部人員，並不能完全掌握企業情況，管理層可能也對審計師隱瞞了真實情況。但更重要

的原因其實是制度層面的，因為在中國，對上市公司審計的會計師事務所並不是由證監會委派，而是上市公司自己聘用的。上市公司付給事務所一大筆錢，讓對方來查自己的帳。在這種情況下想保持審計的公正與獨立，顯然有一定的難度（按：在臺灣，企業則是自行將財務報告交由特許註冊會計師審計與核實）。

　　所以，財務高手即使看到「無保留意見」的審計結果，也不會馬上接受。他們會多思考一個問題，那就是出具審計報告的會計師事務所，是否能保持自身的客觀性和中立性。

　　怎麼判斷呢？

　　財務高手會透過四個維度來觀察判斷會計師事務所的客觀性和中立性：事務所自身的聲譽、審計任期，與被審計企業之間是否存在其他業務往來，以及是否存在「旋轉門」現象。

　　一般來說，如果一家企業聘請的會計師事務所聲譽較好，審計品質相對更高，而聲譽往往和會計師事務所的規模成正比。根據中國註冊會計師協會發布的《2018 年度業務收入前 100 家會計師事務所資訊》，排名前十的會計師事務所如下頁表 5-1。

　　會計學者們曾針對審計任期和企業財務造假之間的關係做了大量的研究。發現當審計任期小於一定年限（約六年）時，審計任期的增加對審計品質具有正面影響，因為會計師事務所對這家企業的經營情況越來越了解，有問題也更容易及時發現。然而，當審計任期超過一定年限（同樣，約六年）時，雙方合作的時間越長，會計師事務所反而更容易放鬆監督標準，審計品質將顯著下降。

　　導致審計失靈的另一個原因是，會計師事務所和被審計客戶

表5-1　2018 年度業務收入前 100 家會計師事務所資訊

序號	會計師事務所名稱	2018 年度業務收入			與事務所統一經營的其他專業機構業務收入（萬元）	註冊會計師數量（人）	從業人員數量（人）	分所數量（家）
		總額（萬元）	鑑證業務收入（萬元）	其中 非鑑證業務收入（萬元）				
1	普華永道中天會計師事務所	517,228.23	491,332.10	25,896.13	0.00	1,153	9,460	22
2	德勤華永會計師事務所	446,654.24	331,487.39	115,166.86	0.00	1,013	6,415	13
3	安永華明會計師事務所	389,583.73	367,695.45	21,888.27	0.00	1,167	6,520	17
4	立信會計師事務所	366,794.73	317,356.52	49,438.21	33,432.40	2,108	7,579	31
5	畢馬威華振會計師事務所	336,189.57	278,009.24	58,180.34	0.00	799	5,071	12
6	瑞華會計師事務所	287,855.10	260,937.28	26,917.82	103,872.83	2,266	8,986	40
7	天健會計師事務所	221,541.43	210,629.23	10,912.20	80,006.73	1,602	5,139	15
8	致同會計師事務所	183,621.45	138,476.12	45,145.32	91,078.24	1,232	5,957	23
9	大華會計師事務所	170,954.38	151,501.95	19,452.44	77,657.05	1,308	4,340	29
10	天職國際會計師事務所	166,213.53	123,723.21	42,490.32	75,031.94	1,127	4,397	24

資料來源：中國註冊會計師協會發布的《2018 年度業務收入前 100 家會計師事務所資訊》。

之間，除了審計業務還有其他業務往來。例如同樣爆出財務醜聞的美國世界通訊公司（World Com，現已更名為 MCI），它的會計師事務所安達信在此前十多年中，既為世通提供審計服務，也向它提供諮詢服務。安達信在 2001 年，共向世通收取了 1,680 萬美元的服務費，其中審計收費只有 440 萬美元，其他超過 1,200 萬美元都是稅務諮詢等其他服務費。當時，世界通訊可以說是安達信最大的客戶之一，丟失這樣一個客戶，後果可是不堪設想的。在這種情況下，安達信難免會「遷就」世界通訊不合理的會計處理。所以財務高手知道，當會計師事務所和被審計企業有其他業務往來的時候，審計獨立性就更有可能減弱。

還有一些研究發現，當企業僱用會計師事務所的前雇員擔任高級主管時，審計出現問題的可能性將會更大。這種審計師在會計師事務所和被審計公司之間流動的現象，被稱為旋轉門關係。例如在 2010 年年末，一位曾連續審計冠城大通股份有限公司（按：中國電子零件與房地產公司）三年的註冊會計師就轉換身分，從立信中聯閩都會計師事務所離開，前往擔任冠城大通的財務總監。

旋轉門現象對審計來說是一把雙面刃。一方面，具有事務所工作經驗的財務高級職員更了解審計過程，有助於其和事務所配合，提高審計品質。另一方面，前雇員和事務所的這種親密關係，可能會使事務所在審計客戶公司時「過度友好」，導致審計獨立性被削弱。

2001 年，澳洲保險公司 HIH（HIH Insurance）爆發了嚴重的財務危機，並最終倒閉。後來發現，公司的兩名獨立董事，都

是其聘請的會計師事務所之前任高級合夥人。這兩人又同為公司審計委員會成員,其中一人還是審計委員會主席。這便為企業與事務所之間共謀,創造了巨大的便利。

在 2002 年的安隆案中,安隆公司有一百多位財務人員是安達信會計師事務所的前雇員。安達信前雇員安迪・法斯托(Andy Fastow)還擔任了安隆公司的財務總監,很多違規做法就是由他直接經手的。

因此,財務高手除了翻閱審計報告本身,還會關注財務報告中的企業高級主管和董事的背景資訊,特別是可能存在的旋轉門關係。

當然,即使會計師事務所保持了審計的獨立性,履行對財務報告的監督義務,由於審計師是企業外部人士,不能完全掌握企業的財務情況,即使審計報告出具了「無保留意見」,也只能說明企業的財務報告如實反映其經營情況的可能性偏高。投資者還是需要對企業財務報告的品質做出自己的判斷。

02｜資產負債表

財務報告中有三張核心報表：資產負債表、損益表（利潤表）和現金流量表。為了講解三張報表的內容，此處將以在第四章中重點分析過的東阿阿膠財務報表為例，為讀者展示財務報表的架構。每家企業因所處產業、經營業務不同，其財務報表的具體科目並不完全一樣，本章只選擇了比較常見、具有代表性的科目介紹，所介紹科目與表中科目並不嚴格對應。

資產負債表是財務報告中披露的第一張報表，是會計年（半年或季度）末那天企業財務情況的一幅靜態照片，記錄了企業在那一天有多少「家產」，以及購置這些家產的錢是怎麼來的。

假設你要生產汽車，就需要先籌錢建廠房和生產線。籌錢有三條管道：使用自己的積蓄，向銀行貸款，或者找外部投資人。銀行貸款會構成企業的「負債」，而你自己的積蓄和外部投資人提供的資金便構成「股東權益」。

有了錢之後，你準備投入生產。生產前需要先蓋廠房、建生產線，這部分支出就轉化為企業資產，叫固定資產。你還需要買電池、鐵皮等原物料，這部分支出就變成資產中的存貨。你還需要保留一些現金，這也是企業資產的一部分。所有支出換取的東

西，都會被記錄在資產負債表的「資產」部分。資產揭示的是企業籌集來的錢是怎麼花的，都購置了哪些東西。

你有多少資金投入生產，取決於你能籌到多少錢，這就是資產負債表的編製原理：**資產＝負債＋股東權益**。所以，資產負債表的英文就叫做「balance sheet」，直譯成中文便是「平衡表」。如果一家企業的資產負債表沒有平衡，資產總額不等於負債和股東權益總額，那一定是出錯了。

表5-2是一張典型的資產負債表。每家企業的資產負債表都會按規定的格式編製，裡面包含五大部分──流動資產、非流動資產、流動負債、非流動負債和股東權益。其中，流動資產和非流動資產顯示的是企業的家當有多少，也就是資產；「流動負債」、非流動負債和股東權益顯示的是企業購置這些家當的錢是從哪裡來的，此處將依次解釋一下這五大部分的核心科目。

表5-2　東阿阿膠 2018 年合併資產負債表

單位：元

項目	期末餘額	期初餘額
流動資產：		
貨幣資金	2,135,939,927.81	1,725,322,019.9
結算備付金		
拆出資金		
以公允價值計量且其變動計入當期損益的金融資產		
衍生金融資產		

（接下頁）

項目	期末餘額	期初餘額
應收票據及應收帳款	**2,406,837,522.62**	**1,056,558,417.87**
其中：應收票據	1,504,559,391.63	551,832,220.20
應收帳款	902,278,130.99	504,726,197.67
預付款項	85,295,137.73	166,416,868.57
應收保費		
應收分保帳款		
其他應收款	53,074,278.98	60,487,713.85
其中：應收利息	1,486,989.99	1,324,138.04
應收股利		
買入返售金融資產		
存貨	3,366,887,212.23	3,606,927,462.32
持有待售資產		
一年內到期的非流動資產		
其他流動資產	2,720,086,873.10	3,024,626,208.38
流動資產合計	**10,768,120,952.47**	**9,640,338,690.93**
非流動資產：		
發放貸款和墊款		
可供出售金融資產	30,293,148.29	30,521,270.74
持有至到期投資		
長期應收款		
長期股權投資	217,056,709.96	127,208,046.74
投資性房地產	121,004,124.65	20,274,372.38
固定資產	1,734,048,074.38	1,709,647,098.3
在建工程	255,414,155.25	217,359,369.81

（接下頁）

項目	期末餘額	期初餘額
生產性生物資產	41,318,604.63	13,517,408.94
油氣資產		
無形資產	421,269,682.77	328,835,858.34
開發支出	8,393,093.27	5,499,830.81
商譽	914,991.98	914,991.98
長期待攤費用	34,994,434.42	34,672,393.97
遞延所得稅資產	144,647,367.48	139,372,762.63
其他非流動資產	92,483,907.80	107,867,876.08
非流動資產合計	3,101,838,294.88	2,735,691,280.7
資產合計	13,869,959,247.35	12,376,029,971.71
流動負債：		
向中央銀行借款		
吸收存款及同業存放		
拆入資金		
以公允價值計量且其變動計入當期損益的金融負債		
衍生金融負債		
應付票據及應付帳款	476,662,694.36	860,325,716.95
預收款項	464,915,199.91	437,952,112.89
賣出回購金融資產款		
應付手續費及傭金		
應付職工薪酬	119,053,208.53	84,146,148.14
應交稅費	770,599,409.71	370,687,552.72
其他應付款	634,689,958.88	688,366,693.71

（接下頁）

項目	期末餘額	期初餘額
其中：應收利息		
應收股利	2,000,000.00	
應付分保帳款		
保險合約準備金		
代理買賣證券款		
代理承銷證券款		
持有待售負債		
一年內到期的非流動負債		
其他流動負債		
流動負債合計	2,465,920,471.39	2,441,478,224.41
非流動負債：		
長期借款		
應付債券		
其中：優先股		
永續債		
長期應付款		
長期應付職工薪酬		
預計負債		
遞延收益	75,033,425.39	63,044,563.65
遞延所得稅負債		
其他非流動負債		
非流動負債合計	75,033,425.39	63,044,563.65
負債合計	2,540,953,896.78	2,504,522,788.06

（接下頁）

項目	期末餘額	期初餘額
股東權益：		
股本		
其他權益工具		
其中：優先股		
永續債		
資本公積	690,580,879.91	690,676,851.19
減：庫存股		
其他綜合收益	17,354,805.79	55,747,045.38
專項儲備		
盈餘公積	466,156,871.34	466,156,871.34
一般風險準備		
未分配利潤	9,473,944,881.90	7,977,698,212.51
歸屬於母公司股東權益合計	11,302,058,975.94	9,844,300,517.42
少數股東權益	26,946,374.63	27,206,666.23
股東權益合計	11,329,005,350.57	9,871,507,183.65
負債和股東權益總計	13,869,959,247.35	12,376,029,971.71

資料來源：東阿阿膠2018年年度財務報告。

流動資產

　　資產，是企業過去的交易或者事項所形成，由企業擁有或者控制，預期將會為企業帶來經濟利益的資源。簡單來說，就是企業擁有且未來能帶來利益的東西。資產可以被分為流動資產和非

流動資產兩大類。

　　流動資產是指那些一年或者超過一年的一個營業週期之內可以轉化為貨幣資金的資產。簡單來說，就是很快能變成現金的資產。在所有資產中，變現能力最強的流動資產，就是貨幣資金，包括企業持有的庫存現金、放在銀行的存款等。每家企業都需要一定的現金儲備量，因為現金是最可靠的資金來源。

　　大部分企業在銷售商品或者提供服務時都不用現金交易，而是賒銷，也就是先出貨或者提供服務，客戶過一段後時間才會付款。例如東阿阿膠會先把一些貨壓給經銷商，並允許經銷商之後再付款。這些欠款就變成東阿阿膠的「應收帳款」。「應收票據」和「應收帳款」的概念類似，是指企業因銷售商品、提供勞務等收到的商業匯票，這兩類資產科目代表的都是客戶的欠款。一般預期，大部分應收帳款可以在一年之內以現金形式回收。所以，應收帳款和應收票據也被認為是流動資產。

　　在經營過程中，有時企業沒有收到貨物或者勞務就先付款給供應商，這筆提前支付的錢就形成流動資產中的「預付款項」。

　　還有一類應收款，叫作「其他應收款」，是指企業除了應收票據、應收帳款、預付帳款的其他各種應收、暫付款項，例如備用金、代墊款、關係企業往來款項等。東阿阿膠財務報告中公布，截至 2018 年年底，東阿阿膠分別給山東東阿阿膠（衣索比亞）有限公司和前錦網路資訊技術（上海）有限公司提供了約一千兩百萬元和三百九十萬元的代墊款，帳齡預計在一年以內，也就是一年內可以收回這些錢。因此，「其他應收款」也是流動資產的一部分。

作為一家生產型企業，生產過程中會囤積原物料，還會有尚未完工的半成品、已經完成生產但仍在庫房中尚未銷售的製成品等。這些一起組成了企業流動資產中的「存貨」。

非流動資產

非流動資產指的是企業準備長期持有，不能在一年或一年以上的營業週期內變現的資產。

生產型企業通常會大量投資其用於生產的房屋及建築物、機器設備、運輸車輛等，這些固定資產是非流動資產中的重要部分。此外，企業還會有一些正在建設中、尚未完成投入使用的專案。根據東阿阿膠 2018 年年報，它的在建專案包括養驢場、科技產業園、毛驢交易中心工程項目等。這些專案將被包括在「在建工程」中。

企業在購買一些高端生產設備時，有時會一次性繳納多年的保修金（按：自預付的工程款項中預留，以用於日後維修保養的費用），這些支出在未來幾年後，隨著設備的消耗與維修才會發揮作用。這些企業已經支出，但攤銷期限在一年以上的各項費用，就屬於「長期待攤費用」。裝修費、預付的土地及車位租賃款等等，也屬於「長期待攤費用」。

由於東阿阿膠生產所需的主要原物料是驢皮，所以它有一種比較特殊的資產，叫「生產性生物資產」。生產性生物資產是指為產出農產品、提供勞務或出租等目的而持有的生物資產，在這個案例中，指的就是東阿阿膠為了生產驢皮而養殖的毛驢。

除了廠房、設備、毛驢等看得見、摸得到的資產，公司還有專利權、商標權等對未來發展至關重要，但沒有實物形態的資產。這些資產被稱為「無形資產」。

企業除了主要的經營活動，還會有一些投資活動，並因此產生收益。例如，企業可能會投資其他相關企業，取得被投資企業的股份，這些活動反映在「長期股權投資」中。東阿阿膠的年報顯示，2018 年，東阿阿膠的長期股權投資就包括東阿縣澳東生物科技有限公司、華潤昂德生物藥業有限公司等多家合資／聯營企業。

企業還可能有一些閒置資源，比如閒置的辦公樓。如果企業將其出租，收取租金，這就屬於「投資性房地產」。企業還會有一些債券或證券類的長期投資，這些則構成了非流動資產中的「可供出售金融資產」。

流動負債

負債是指企業因過去的交易或者事項形成的、預期會導致經濟利益流出企業的現時義務（按：在現行條件下已承擔的義務）。簡單來說，就是企業欠了別人的錢，將來必須得還。

根據債務償還時間，企業的負債可以分為流動負債和非流動負債。流動負債，指的是企業將在一年內償還的債務。

企業在經營中經常需要資金進行短期周轉，會向銀行或其他金融機構借錢。這些貸款因為是臨時周轉需要，預期在一年內就能夠還清。這些短期債務就是流動負債中的「短期借款」。

在生產過程中，企業會透過賒購的方式購買原物料，也就是先取貨，後付款給供應商。這筆欠款通常會在一年內支付，因此應被計入「應付帳款」。「應付票據」是指企業為了購買材料、商品或接受勞務供應等而開出、承兌的商業匯票，包括商業承兌匯票和銀行承兌匯票。「應付帳款」和「應付票據」都是企業欠供應商的短期債務。

在銷售過程中，企業有時候會提前收取客戶的錢，但是產品和服務還沒提供，比如前文提到的預售屋買賣，這類負債就成為流動負債中的「預收款項」。

經營中尚未支付的薪酬和稅金，也是企業的一種短期債務，分別被計入「應付職工薪酬」和「應交稅費」這兩個會計科目。

非流動負債

非流動負債又稱長期負債，是指償還期在一年以上的債務。非流動負債的主要專案包括「長期借款」和「應付債券」。

企業在專案投資中，最主要的資金來源之一就是長期借款。一個投資專案若需要大量資金，光靠自有資金往往不夠，還需要向銀行或者其他金融機構貸款。這些長週期的貸款就會被列示在「長期借款」中。

除了向銀行貸款，還有一種常見的債務融資方式是發行債券。其中，屬於非流動負債的債券類型為「應付債券」，是指企業為籌集資金，而對外發行之期限在一年以上的債券，通常具有期限長、金額高、到期無條件支付本息等特點。

股東權益

　　資產負債表中最後一個大項是「股東權益」，又稱業主權益。由於企業在破產清算時，債權人享有比股東優先的清算順序，企業的資產在償還完所有債務之後，留給股東的那部分剩餘權益，就叫「股東權益」。

　　股東權益有三部分核心內容：「股本」、「資本公積」和「未分配盈餘」。

　　股本，指的是股東投入的資本。資本公積，又稱股本溢價，則是指企業從投資者手中，收到超出其在企業註冊資本（或股本）中所占份額的投資，以及直接計入股東權益的利得和損失等。企業賺到錢之後，往往不會將錢全以分紅形式還給股東，而是會將大部分錢留在企業內部用於未來發展，而這部分留下的錢就是「未分配利潤」。

03 | 損益表

財務報告中的第二張報表是損益表，又稱為利潤表。

損益表遵循的編製原理很簡單：**收入－成本＝利潤**。損益表揭示的核心資訊，便是企業在這段時間內賺了多少錢。

表5-3是一張典型的損益表。我們可以看到，損益表分為上中下三部分：上面部分是收入，中間部分是成本，收入減去成本之後，就是下面部分的利潤。接下來，我們將結合表5-3來具體了解損益表中的主要科目。

表5-3　東阿阿膠2018年損益表

單位：元

專案	本期發生額	上期發生額
一、營業總收入	4,537,642,656.24	3,467,748,233.68
其中：營業收入	2,135,939,927.81	1,725,322,019.9
利息收入		
已賺保費		
手續費及傭金收入		
二、營業總成本	3,395,838,813.64	2,601,321,150.27
其中：營業成本	1,486,913,583.17	1,354,140,999.04

（接下頁）

專案	本期發生額	上期發生額
利息支出		
手續費及傭金支出		
退保金		
賠付支出淨額		
提取保險合約準備金淨額		
保單紅利支出		
分保費用		
稅金及附加	68,622,862.51	48,623,295.26
銷售費用	1,061,774,888.93	638,057,460.18
管理費用	613,074,915.88	476,543,109.63
財務費用	107,219,508.24	57,420,425.32
資產減損損失	58,233,054.91	26,535,860.84
加：公允價值變動收益（損失以「－」號填列）		
投資收益（損失以「－」號填列）	−8,029,003.96	−2,212,300.07
其中：對聯營企業和合營企業的投資收益	−12,525,910.81	−1,928,648.77
匯兌收益（損失以「－」號填列）		
資產處置收益（損失以「－」號填列）	3,874,918.44	2,868,001.04
其他收益	18,059,422.93	
三、營業利潤（虧損以「－」號填列）	1,155,709,180.01	867,082,784.38
加：營業外收入	44,365,763.41	27,048,773.44
減：營業外支出	4,607,100.43	3,168,962.43
四、利潤總額（虧損總額以「－」號填列）	1,195,467,842.99	890,962,595.39
減：所得稅費用	201,787,920.69	144,254,555.02

（接下頁）

專案	本期發生額	上期發生額
五、淨利潤（淨虧損以「－」號填列）	993,679,922.30	746,708,040.37
（一）持續經營淨利潤（淨虧損以「－」號填列）	993,679,922.30	746,708,040.37
（二）終止經營淨利潤（淨虧損以「－」號填列）		
歸屬於母公司所有者的淨利潤	899,085,330.05	679,255,737.63
少數股東損益	94,594,592.25	67,452,302.74
六、其他綜合收益的稅後淨額	179,146,054.77	85,542,977.76
歸屬母公司所有者的其他綜合收益的稅後淨額	170,784,390.12	84,857,983.54
（一）以後不能重分類進損益的其他綜合收益		
1. 重新計量設定受益計畫淨負債或淨資產的變動		
2. 權益法下在被投資單位不能重分類進損益的其他綜合收益中享有的份額		
（二）以後將重分類進損益的其他綜合收益	170,784,390.12	84,857,983.54
1. 權益法下在被投資單位以後將重分類進損益的其他綜合收益中享有的份額		
2. 可供出售金融資產公允價值變動損益	161,656,043.77	84,150,000.00
3. 持有至到期投資重分類為可供出售金融資產損益		
4. 現金流量套期損益的有效		
5. 外幣財務報表折算差額	9,128,346.35	707,983.54
6. 其他		
歸屬於少數股東的其他綜合收益的稅後淨額	8,361,644.65	684,994.22
七、綜合收益總額	1,172,825,977.07	832,251,018.13
歸屬於母公司所有者的綜合收益總額	1,069,869,720.17	764,113,721.17
歸屬於少數股東的綜合收益總額	102,956,256.90	68,137,296.96

（接下頁）

專案	本期發生額	上期發生額
八、每股收益：		
（一）基本每股收益	0.5053	0.3913
（二）稀釋每股收益	0.5053	0.3913

資料來源：東阿阿膠2018年年度財務報告。

營業收入

　　損益表的第一大項是「營業收入」。營業收入是企業從事其主營業務（銷售產品、提供服務等）取得的收入，更是企業獲得利潤和利潤成長的核心動能。營業收入能揭示很多重要資訊，包括企業的規模和行業地位。我們可以把同產業內所有企業的營業收入從高到低排序，就能看出一家企業在行業內的相對規模和地位了。排名最前的企業，通常就是產業內的龍頭企業。

　　將產業內所有企業的營業收入放在一起比較，還能看出其是壟斷性的產業，還是充分競爭的產業。衡量產業競爭程度的一項常用指標是赫芬達爾－赫希曼指數（Herfindahl–Hirschman index），即一個行業中前幾大企業各自收入，占該產業總收入比例的平方和。指數越大，說明這個產業的集中度越高，也就是僅由幾家龍頭企業占據絕大部分的市占率。

營業成本和營業毛利

　　營業成本是指企業銷售產品或者提供服務的直接成本，包括

直接材料及能源等。營業收入減去營業成本，就是財務報表分析中常用的一個概念——「營業毛利」。

我們為什麼關心營業毛利？因為毛利越高，就代表企業的利潤空間越大，企業就可以投入研發和行銷等活動的錢也就更多。

除了營業毛利這項指標本身，毛利占營業收入的百分比，即毛利率，也很重要。我們常會用「暴利產業」來形容某些產業，指的就是這個產業中，企業有著非常高的毛利率。

根據萬得資料庫的資料統計，按照中國證監會的行業分類標準，在 2018 年 A 股上市公司中，毛利率最高的三個產業分別是住宿業（72.59％）、酒、飲料和精緻茶製造業（67.22％），以及餐飲業（53.95％）（按：此處統計並不包括銀行業，因為其財務報表與其他企業差異過大）。

其他費用

營業毛利並不是企業的最終利潤，因為營業毛利僅考慮了直接材料等支出。企業實際經營上，還會涉及其他幾種主要費用：銷售費用、管理費用、財務費用、研發費用等。

所以，一家企業最終是盈利還是虧損，一方面是由其營業毛利決定的——營業毛利越高，企業越不容易虧損；另一方面則是由各類經營費用決定的。如果企業能好好控制運營費用，即使營業毛利低，最後也可能盈利。這就好比日常生活中，你的薪水越高，到了月底就越容易有結餘；如果你本身賺的錢就不多，只要能勒緊褲帶過日子，到月底也能存下一點錢。

如果企業想透過節約成本提升利潤，應該從哪裡入手呢？這就是運營費用結構所揭示的核心資訊。我們可以分析東阿阿膠2018年的費用結構，如表5-4所示，東阿阿膠的運營費用可以分為四項：銷售費用、管理費用、財務費用和研發費用。其中，銷售費用是指企業在銷售商品和材料、提供勞務的過程中產生的各種費用，它在運營費用中占比最高，達到74.16％。管理費用是指企業行政管理部門，為組織和管理生產經營活動而產生的各種費用，它占運營費用的15.14％。財務費用是指企業為籌集生產經營所需資金等而產生的費用，包括利息支出（調減利息收入）、匯兌損失等，它在運營費用中所占比例很低。這一點和前文做過的財務分析不謀而合，東阿阿膠主要依靠自有資金來發展，很少有外部貸款，因此財務費用很低。最後，研發費用是指研究與開發某專案所支付的費用，它占運營費用的10.05％。

表5-4　東阿阿膠2018年運營費用構成

費用科目	金額（元）	占費用的百分比（％）
銷售費用	1,776,075,144.25	74.16
管理費用	362,514,423.06	15.14
財務費用	15,663,684.47	0.65
研發費用	240,803,070.08	10.05

資料來源：東阿阿膠2018年年度財務報告。

淨利潤

　　一家企業除了主營業務產生的收益或者虧損，還會由於其他業務產生一定的收益或者虧損，例如獲得投資收益（包括長期股權投資收益、理財產品利息收益等）、匯兌收益等，這些都是相對而言不會經常發生的業務。還有一些營業外的收入與成本，即與生產經營過程沒有直接關係的收入與成本，例如技術服務收入、賠償金等。營業外支出則包括公益性的捐贈支出、報廢損失、罰款支出等。

　　將主營業務的利潤和其他利潤加總後，就可以計算出企業的利潤總額。利潤總額減去所得稅費用，就是淨利潤。淨利潤通常被稱為損益表的「底線」，不但是綜合衡量企業盈利情況的核心指標，也是投資人和證券分析師最關注的利潤指標。

04 | 現金流量表

　　財務報表的第三張表，是現金流量表。財務人員都知道現金的重要性，因此為現金單獨編製了一張報表。

　　現金流量表反映的是企業在一定時間內，現金的增減變動情形。企業有三類活動會影響現金的流入和流出，分別是經營活動、投資活動，以及籌資活動。

　　還是以前文提到的汽車生產為例。生產汽車需要先籌錢，籌到的錢不僅增加了資產負債表中的「負債」和「股東權益」兩個科目，同時，這些真金白銀的流入，也會增加企業的籌資活動現金流。未來，當企業償還銀行貸款或者發放現金分紅的時候，這些財務行為又會減少籌資活動的現金流。

　　籌到錢後就能開始生產汽車了嗎？不行，還需要投資建廠房和生產線，購買機器設備。由於這些屬於投資行為，相關的現金支出將會減少投資活動現金流。未來，當部分機器設備不再被需要，可以在市場上賣出時，相關收益又會增加企業的投資活動現金流。隨著規模變大，企業會投資其他專案或者企業，相應的投資支出和收益也會被記錄在投資活動現金流中。

　　在生產過程中還需要買電池、鐵皮等原物料，並支付流水線

上工人們的薪水。這些都屬於經營活動，因此相關現金支出會減少經營活動現金流。當汽車被賣出，企業收到現金收入時，經營活動現金流又會相應增加。

　　此處將結合表 5-5，說明現金流量表中的重點科目。

表5-5　東阿阿膠 2018 年現金流量表

單位：元

專案	本期發生額	上期發生額
一、經營活動產生的現金流量：		
銷售商品、提供勞務收到的現金	6,909,920,000.46	7,627,283,206.64
客戶存款和同業存放款項淨增加額		
向中央銀行借款淨增加額		
向其他金融機構拆入資金淨增加額		
收到原保險合約保費取得的現金	1,486,913,583.17	1,354,140,999.04
收到再保險業務現金淨額		
保戶儲金及投資款淨增加額		
處置以公允價值計量且其變動計入當期損益的金融資產淨增加額		
收取利息、手續費及傭金的現金		
拆入資金淨增加額		
同購業務資金淨增加額		
收到的稅費返還	474,555.16	202,063.57
收到其他與經營活動有關的現金	261,995,848.72	200,563,063.50
經營活動現金流入小計	7,172,390,404.34	7,828,048,333.71

（接下頁）

專案	本期發生額	上期發生額
購買商品、接受勞務支付的現金	2,734,735,046.89	2,726,090,956.40
客戶貨款及墊款淨增加額		
存放中央銀行和同業款項淨增加額		
支付原保險合約賠付款項的現金		
支付保單紅利的現金		
支付給職工以及為職工支付的現金	582,215,870.65	508,098,195.48
支付的各項稅費	996,490,796.96	930,146,397.76
支付其他與經營活動有關的現金	1,849,899,636.77	1,906,323,573.48
經營活動現金流出小計	6,163,341,351.27	6,070,659,123.12
經營活動產生的現金流量淨額	1,009,049,053.07	1,757,389,210.59
二、投資活動產生的現金流量：		
收回投資收到的現金	4,037,274,957.60	3,095,944,800.53
取得投資收益收到的現金	102,496,575.64	91,166,244.91
處置固定資產、無形資產和其他長期資產收回的現金淨額	847,473.36	1,786,836.73
處置子公司及其他營業單位收到的現金淨額		
收到其他與投資活動有關的現金	7,351,169.33	13,862,432.15
投資活動現金流入小計	4,147,970,175.93	3,202,760,314.32
購建固定資產、無形資產和其他長期資產支付的現金	249,325,798.82	313,936,577.78
投資支付的現金	3,817,030,000.00	3,722,804,937.33
質押貸款淨增加額		
取得子公司及其他營業單位支付的現金淨額		
支付其他與投資活動有關的現金	17,501,463.37	
投資活動現金流出小計	4,083,857,262.19	4,036,741,515.11

（接下頁）

專案	本期發生額	上期發生額
投資活動產生的現金流量淨額	64,112,913.74	−833,981,200.79
三、籌資活動產生的現金流量		
吸收投資收到的現金		600,000.00
其中：子公司吸收少數股東投資收到的現金		
取得借款收到的現金	4,400,000.00	
發行債券收到的現金		
收到其他與籌資活動有關的現金		
籌資活動現金流入小計	4,400,000.00	600,000.00
償還債務支付的現金	46,100,000.00	
分配股利、利潤或償付利息支付的現金	620,847,132.40	613,427,032.57
其中：子公司支付給少數股東的股利、利潤		
支付其他與籌資活動有關的現金		
籌資活動現金流出小計	666,947,132.40	613,427,032.57
籌資活動產生的現金流量淨額	−662,547,132.40	−612,827,032.57
四、匯率變動對現金及現金等價物的影響	2,920.50	65,482.59
五、現金及現金等價物淨增加額	410,617,754.91	310,646,459.82
加：期初現金及現金等價物餘額	1,725,271,788.66	1,414,625,328.84
六、期末現金及現金等價物餘額	2,135,889,543.57	1,725,271,788.66

資料來源：東阿阿膠2018年年度財務報告。

經營活動現金流

經營活動現金流，是指企業因其主營業務產生的現金流。流

入的現金主要包括因銷售商品或者提供勞務收入，流出的現金則以購買商品或者支付勞工，以及支付的人力資源費用、稅費等費用為主。可以看出，東阿阿膠的現金流入，主要是由銷售商品或者提供勞務獲得的。扣除現金流出之後，東阿阿膠2018年的經營活動現金流淨額約為10.09億元。

投資活動現金流

企業除了日常經營需要資金，還會有各種投資。企業對長期資產的購置，以及對外投資活動的現金流入和流出，都被歸在投資活動現金流中，具體上包括：收回投資、取得投資收益、處置長期資產等活動收到的現金；購置固定資產、無形資產等長期資產和對外投資等活動所支付的現金等。2018年，東阿阿膠獲得的投資活動現金流入，較投資活動現金流出高。

籌資活動現金流

除了依靠經營生產，自己創造現金流之外，企業往往還需要依靠外部融資獲得資金。企業接受投資和借入資金導致的現金流入和流出，就包含在籌資活動現金流中，具體包括：吸收投資、取得借款、發行債券等活動收到的現金；償還債務、償付利息、分配股利等活動支付的現金等。2018年東阿阿膠的籌資活動非常少，僅有440萬元，而其也償還了債務、且發放高額現金分紅，因此，其籌資活動產生的現金流量的淨額為負。

結語
人工智慧將重新定義財會工作

　　我寫這本書的初衷，是想和讀者分享當下最先進的財務思維。但事實上，商業社會每經歷一次「大爆炸」式的變化，就會產生新的財務問題，財務思維以及實踐，也會因此面臨新的反覆運算和升級。

　　這幾年，我參加了不少學術界和企業界的研討會，明顯的感受到大家都很焦慮，因為資訊技術的發展，以及外部環境和商業模式的創新，從來沒有像今天這樣迅速過。但同時，大家也很興奮，因為這些變化將會帶來財務領域新的變革與機遇。

未來財務報表還有用嗎

　　這幾年會計學界探討最多的一個問題是：我們現在看到的財務報表，在未來還會有用嗎？

　　美國的兩位會計學教授巴魯克・列夫（Baruch Lev）和谷豐（Feng Gu）在 2016 年出了一本書——《會計的終結》（*The End of Accounting and the Path Forward for Investors and Managers*），他們做了一系列的資料分析，最後得出的結論是，傳統會計制度將面臨重大挑戰，必須自我革新。為什麼？因為我

們現在使用的會計制度,是在工業革命後逐步形成的。對製造業企業來說,最有價值的資產是看得見、摸得到的有形資產。有形資產的價值,一般來說都比較好確定,所以企業實際上擁有的資源和財務報表中列示的資產是比較接近的。而無形資產在工業時代發揮的價值有限,因此很少受到關注。在艾爾頓・亨德里克森(Eldon S. Hendriksen)於 1965 年代撰寫《會計理論》(*Accounting Theory*)這本近 600 頁的書中,有關無形資產的篇幅只有僅僅 20 頁。

如今,我們已經步入知識和技術時代,企業越來越重視無形資產的投資。圖 6-1 是巴魯克・列夫和谷豐教授的研究成果。

圖6-1 企業有形資產投資率和無形資產投資率(1977~2013 年)

　　我們從中可以發現，自 1977～2013 年，企業在無形資產上的投資率逐年上升，而有形資產的投資率卻呈現下降趨勢，並在 1997 年之後開始明顯低於無形資產的投資率。

　　除了品牌、專利、技術這些傳統的無形資產，近幾年越發受到關注的另一種無形資產，是企業的「社交」，或者說是企業的「生態網路」。

　　在新經濟時代，企業早已過了單打獨鬥的階段，聰明的企業都懂得生態決定成敗的道理，而我們的日常生活也和生態網路中的眾多企業息息相關。

　　例如，現代人的生活可能是這樣的：早上醒來打開手機，習慣性的先瀏覽社群媒體好一陣子，再用外送 app 訂一份早餐，最後用計程車預約 app，叫一輛車載自己去上班。

　　從表面上看，這一系列活動好像沒什麼聯繫，但實際上在中國，其所涉及的這幾家企業（微信、美團外賣、滴滴打車）背後有一個共同的投資人和合作夥伴，那就是騰訊。2016 年，騰訊創辦人馬化騰在《給合作夥伴的一封信》中曾經拋出「半條命」的說法，他說：「近幾年，騰訊專注在連結、聚焦社交平臺、數位內容及金融等『兩個半』業務，其他垂直領域都與夥伴合作。對於合作，我們拿出了『半條命』，堅持去中心化，協助大家成長為自主的平臺和生態。我們很清楚，孤木難成林。只有賦予開放分享的基因，生態才可能長成一片森林。」

　　蘋果公司也是打造生態網路的高手。它只專注在其核心業務，並透過和外部合作完成其他業務，例如，把 iPhone 的生產外包給富士康。這樣做不僅能讓蘋果把需要承擔的重資產投入轉

嫁出去，還可以透過剝離低利潤業務，實現更高的收益率。

「生態網路」這種新興的無形資產，對企業的經營和業績有實際影響嗎？

研究發現，企業的社交情形非常有價值，對企業的經營活動至關重要。越是處在社交圈中心的企業，控制優勢和資訊優勢就越明顯，企業的經營效率和投資效率也越高，其未來的業績也比處在社交圈邊緣位置的企業更好。

這一結論不僅適用於普通企業，也適用於金融機構。耶爾·霍赫貝格（Yael Hochberg）等幾位教授就曾經研究過美國的私人股權投資基金，發現越是處在其社交圈中心位置的機構，就越能夠接觸和投資更多優質的創業型企業，基金回報率也更高。

社交圈的價值雖大，然而由於其無法被精準量化，不符合會計準則對「資產」的定義，目前無法在財務報表中看到。

再例如，前文講過，大數據時代，企業累積的使用者資料蘊藏著巨大的商業價值，企業在經營決策中也越來越重視對大數據的應用。所有的網路企業巨頭，例如亞馬遜（Amazon）、阿里巴巴、騰訊、Meta 等，都因其擁有大量的註冊使用者和運營資訊，成為天然的大數據公司。這些企業可以從每個使用者搜尋的關鍵字、瀏覽的商品、購買記錄中獲得資訊。在對這些資料多維度分析之後，企業可以建立立體的「使用者形象」，以便更加精準的預測客戶需求並推薦產品。然而，這麼有價值的資料資產，目前也還沒有被列示在財務報表中。

不過，無論會計準則怎麼認定這些無形資產，不可否認的是，投資者確實越來越看重無形資產的價值和其對企業未來的

影響了。巴魯克·列夫和谷豐的研究也證明了這一點，圖 6-2 是他們的研究結果。他們發現，在 1993～2013 年這二十年中，傳統財務報告提供的資訊，占了投資者在做決策時資訊的 5%～10%。這個比例一直沒有很大的變化，說明財務報告仍然是投資決策的基礎。然而，財務報告之外的資訊和證券分析師的預測，在投資決策中卻變得越來越重要了。

圖6-2　投資者在決策中使用的資訊（1993～2013 年）

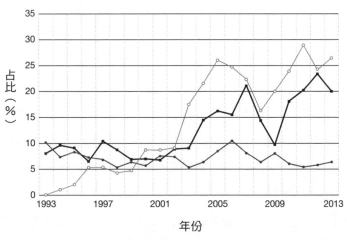

—◆— 財務報告　--○-- 非財務相關的美國證監會檔　—■— 證券分析師預測

財務報告改革方向

為適應新經濟時代的需要，作為會計資訊的重要載體，財務報告的變革也成為必然。然而，任何變革都不是輕而易舉的，財務報告始終在環境變化的需求和會計準則的原則之間，努力平衡

並改進著。

近幾年，一些國家已經開始允許企業在按照傳統會計準則公布財務指標之外，在財務報告中同時提供「另類業績指標」了。以美國為例，企業除了提供按照通用會計準則（Generally Accepted Accounting Principles，簡稱 GAAP）編製的財務報表，還可以依據自身情況在 GAAP 的基礎上自行調整，報告非 GAAP 指標。有研究發現，美國標準普爾 500 指數（按：Standard & Poor's 500，美國三大股價指數之一）中公司公布另類業績指標的占比，從 1996 年的 59% 成長到 2016 年的 96%。京東的財務報告顯示，2017 年第二季時，基於 GAAP 準則，京東報告了 2.87 億元的虧損，而同時，在非 GAAP 報告中的利潤卻達到 9.77 億元。兩者的差異，主要是由於京東在計算非 GAAP 利潤時，沒有剔除 7.47 億元的股權激勵，以及業務收購帶來的 4.43 億元無形資產攤銷等成本。很多公司紛紛提供非 GAAP 指標，是因為它們認為非 GAAP 指標能夠更準確的反映企業真實經營狀況和穩定獲利的能力。

考慮到企業公布的另類業績資訊越來越多，其在企業價值評估和投資決策中的作用越來越大，但普遍存在著企業僅報喜不報憂、缺乏可比較性等現象，因此，相關機構正在加緊制定規則，以加強對企業公布另類業績資訊的監管。如美國和歐盟證券監管機構一再制定和修訂規則，以使另類業績指標的公布更有規範和價值。近幾年，制定國際財務報告準則的最高機構——國際會計準則理事會（International Accounting Standards Board）也在推進「改進財務報告溝通」一案。其中最引人關注的，就是初步決

定在符合一定條件的情況下，允許企業將一些「另類業績指標」納入三張財務報表。例如在損益表中增加「扣除所得稅和利息前利潤」、「營業利潤和來自一體化聯營及合資企業的利潤」和「管理層業績指標」等。

國際會計準則理事會主要思考的是，如何在現行的財務報告框架內進行改革，為投資者提供更多決策相關資訊。還有一些學者和機構提出了不同的思路，探索在現行財務報表外提供資訊的途徑和方式。

比如前文提過，德勤提倡企業未來除了三張傳統的財務報表，還應該增加第四張表──「數位資產表」，以反映數據化的資源對企業未來收益所能創造的價值。

另一家機構國際整合報導協會（The International Integrated Reporting Council）則提出「整合報告框架」的概念，將企業傳統的財務資訊與非財務資訊結合，以反映企業是如何創造價值的。其中，非財務資訊可涉及環境、社會和公司治理等方面。

一些會計教授則提出，既然將無形資產放入現有的報表中如此困難，那麼未來除了傳統的財務報表，可以再額外公布一份報告──「戰略資源和結果報告」。這份報告主要用來公布與無形資產相關的內容。

無論這些與企業價值相關的財務、非財務資訊，未來將以哪種具體形式被傳遞給投資者和其他資訊使用者，在資訊化和網路化的時代，滿足他們對多維度資訊和及時性的需求，都將是未來財務改革的方向。

我曾與國際會計準則理事會前理事張為國教授探討過這個問

題。他認為，隨著大數據時代的到來和技術的發展，未來，表內和表外資訊、財務和非財務資訊、內部和外部資訊等的界線將會變得越來越模糊和無關緊要。財務報告需要做到的就是及時提供充分、多維度，且包含足夠細節的資訊，讓財務資訊使用者可以自主選擇如何使用和判斷這些資訊。

資訊技術和人工智慧的影響

財務報告制度一直在改進，未來也許不會消失，但是財務人員會不會消失呢？這是令財務專家焦慮的另一個問題。

BBC（British Broadcasting Corporation，英國廣播公司）分析了 365 種職業在未來被淘汰的機率，從高到低，排名第三的就是會計。在傳統的會計領域中，會計核算工作從原始憑證（按：證明會計事項之經過，而為造具記帳憑證所根據之憑證）到財務報表都是由人工完成的，但現在財務中的大部分簡單重複的工作都可以借助財務系統和軟體來完成了，這不但大大提高了會計工作效率，同時也減少了人工成本。

企業使用財務系統，實現了所有流程的智慧化管理，還有利於減少資訊的失真和決策失誤。我和兩位合作者：阿倫・拉伊教授（Arun Rai）、徐心教授在一項研究中發現，企業在使用財務系統之後，無論是其財務資訊的不確定性，還是其經營業績的波動性，均會顯著下降。另外，基於財務系統匯總和公布的資訊，更有助於投資者在資本市場上對企業精準的評估。

近幾年，人工智慧技術的迅猛發展讓科技和財務之間的結合

變得更加緊密。2016 年 3 月，勤業眾信宣布將人工智慧引入會計工作中。隨後，畢馬威華振會計師事務所（KPMG Huazhen）與 IBM 合作，將使用華生（按：Watson，能夠使用自然語言來回答問題的人工智能系統）認知計算技術進行會計、審計工作。同年 5 月，普華永道推出機器人自動化解決方案。財務機器人具備多種亮眼的新功能，包括它可以替代財務工作中高度重複的手工流程，如記錄資訊、合併匯整資料；可以 24 小時不間斷的工作；在部分審計工作上，還可以真正的「詳查」而非抽查等。

　　儘管人工智慧已逐步被應用於會計工作中，但類似審核、判斷、決策的管理工作，人工智慧還是無法取代人類。與其說人工智慧的發展將導致財務人員失業，不如說人工智慧將重新定義財務人員的工作內容和能力要求。

　　未來，財務人員需要掌握的不再是記帳、記錄財務資訊這些基本技能，而是如何在戰略層面使用這些資訊，有效的控制風險、做出財務決策等。未來，財務將會融入每個人的工作中，大數據和資訊系統的發展讓這件事逐漸成為可能。而財務思維，更將成為人人都需要具備的一種基礎能力。

致謝

　　本書的出版得益於很多人的幫助和支持。我在這些年的工作中遇到了財務領域和商業界的許多前輩和志同道合的朋友，感謝喬治·福斯特（George Foster）、汪建熙、F.沃倫·麥克法蘭（F. Warren McFarlan）、何迪、黃世忠、張為國、顧朝陽，以及我在清華大學經管學院的各位同事，還有中國財政部「全國會計領軍人才」專案學術四期的各位老師和同學，特別是毛新述、張俊生、孫健和袁蓉麗教授對這本書的鼎力支持。書中也分享了我的一些重要研究成果。這些基於多家企業資料和嚴謹分析方法的學術研究，讓我能夠透過財務中的重要問題現象「看到本質」，因此也感謝我的合作者們：徐心、阿倫·拉伊、程強、陳霞、田軒、唐雪松、王丹。

　　本書的基礎是我在「得到」上開設的線上課程《賈寧·財務思維課》。為了把財務學科中的最精采的片段，用最通俗易懂的方式呈現給更多使用者，這門課程經歷了無數燒腦和反覆打磨的過程。感謝得到團隊的羅振宇、脫不花、筱穎、小七，以及總編室各位老師的支持，也感謝所有關注這門課的使用者！所謂「教學相長」，你們的終身學習精神和認真的留言回饋，都讓這門課程變得更加精彩。同時也感謝得到圖書組、中信出版社漫遊者團隊的李穆和羅潔馨，以及我的研究團隊成員馬嘯騰和李寶林，他

們和我一起將這門音訊課程的內容去蕪存菁，並增加了更豐富的內容以打造這本書。

　　最後，感謝一直支持和鼓勵我的家人，特別是我的先生和兩個可愛的女兒，讓我有機會能夠同時體驗職場工作的成就感和家庭生活的幸福感。這個時代賦予了女性更多的機會，但同時也要求女性提升自己的格局，並懂得如何取捨，始終忠於自己的初心。僅以此書，與所有獨立自信、為夢想而努力的女性共勉！

全書參照與引用資料出處

p.27：
Sougiannis T. The Accounting Based Valuation of Corporate R&D[J]. The Accounting Review, 1994,69(25): 44-68.

p.38：
https://www.dnb.com/resources/accounts-receivable-collections.html

p.47：
姚宏，魏海玥‧國美 PK 蘇寧：類金融模式的風險與創新 [C] 中國管理案例共用中心案例，2011.
黃世忠‧OPM 戰略對財務彈性和現金流量的影響——基於戴爾、沃爾瑪、國美和蘇寧的案例分析 [J]. 財務與會計，2006(23):15-18.

p.49：
Sellers, P., Woods, W. Where Coke Goes From Here[J]. Fortune Magazine, 1997
https://www.britannica.com/biography/Roberto-Crispulo-Goizueta

p.51：
陳紅‧公司會計治理的新視角——表外負債研究 [J]‧會計之友（上旬刊），2008(6): 4-9.

p.52：
How Asbestos Burned ABB[J]. Bloomberg Businessweek, 2002.

p. 57：
二十一世紀國際學校學費信託受益權資產支持專項計畫
廈門英才學校信託受益權資產支持專項計畫
歡樂谷主題樂園入園憑證專項資產管理計畫
三特索道集團索道乘坐憑證資產支持專項計畫
海昌海洋公園入園憑證資產支持專項計畫

p.58：
中國《企業會計準則第 23 號——金融資產轉移》
感謝中山大學管理學院張俊生教授所提供之數據

p.62：
Drucker P. The Information Executives Truly Need[J]. Harvard Business Review, 1995, 73(1): 54-62.

p.64：

郝洪，楊令飛·國資委經濟增加值 (EVA) 考核指標解讀 [J]·國際石油經濟，2010(4): 26-29.

p.65：

中國國務院國有資產監督管理委員會令第 30 號《中央企業負責人經營業績考核暫行辦法》

Kleiman R. Some New Evidence on EVA Companies[J]. Journal of Applied Corporate Finance, 1999, 12(2): 80-91.

池國華，王志，楊金·EVA 考核提升了企業價值嗎？——來自中國國有上市公司的經驗證據 [J] 會計研究，2013(11): 60-66.

余明桂，鐘慧潔，範蕊·業績考核制度可以促進央企創新嗎？[J]·經濟研究，2016(12): 104-117.

p.66：

Ambrose S. Nothing Like It In the World: The Men Who Built the Transcontinental Railroad 1863-1869[MI. New York: Simon&Shuster, 2001.

p.74：

Wallace, J. Boeing Workers Learn Value of Stock-Related Bonus. Seattlepi. (2008-07-14). https://www.seattlepi.com/business/article/Boeingworkers-learn-value-of-stock-related-bonus-1279292.php

p.75：

彼得·蒂爾，布萊克·馬斯特斯·從 0 到 1[M]·高玉芳，譯·北京中信出版社，2015.

p.79：

黃世忠·財務報表分析的邏輯框架——基於微軟和三大汽車公司的案例分析 [J]. 財務與會計，2007(10):14-19.

Beaver W. Financial Ratios as Predictors of Failure[J]. Journal of Accounting Research, 1966,4: 71-111.

p.82：

李曉玲，葛長付，侯嘯天·CFO 特徵對現金持有量影響及其區域市場化差別 [J]. 長安大學學報（社會科學版），2017(3):45-56.

p.83：

Opler T, Pinkowitz L, Stulz R, Williamson R. The Determinants and Implications of Corporate Cash Holdings[J]. Journal of Financial Economics, 1999,52(1): 3-46.

Levitt T. Exploit the Product Life Cycle[J]. Harvard Business Review. 1965, 43(6): 81-94.

p.84：
中國註冊會計師協會編 · 公司戰略與風險管理 [M] 北京：經濟科學出版社，2011: 162.

p.95：
Richards V, Laughlin E. A Cash Conversion Cycle Approach to Liquidity Analysis[J]. Financial Management, 1980,9(1): 32-38.

p.98：
霍華德 · 施利特，傑瑞米 · 佩勒，尤尼 · 恩格爾哈特 · 財務詭計 [M]. 續芹、陳柄翰、石美華、王兆蕊，譯 · 第 4 版 · 北京機械工業出版社，2019.

p.101：
Sunder S. Stock Price and Risk Related to Accounting Changes in Inventory Valuation[J]. The Accounting Review, 1975,50(2): 305-315.

p.108：
伍利娜，陡正飛 · 企業投資行為與融資結構的關係——基於一項實驗研究的發現 [J] · 管理世界， 2005(4): 99-105.

p.110：
Anderson R, Mansi S, Reeb D. Founding Family Ownership and the Agency Cost of Debt[J]. Journal of Financial Economics, 2003,68(2): 263-285.

p.113：
Morris J. On Corporate Debt Maturity Strategies[Jl, Journal of Finance, 976,31 (1): 29-37.

p.114：
鐘凱，程小可，張偉華 · 貨幣政策適度水準與企業" 短貸長投" 之謎〔J〕管理世界，2016(3): 87-98.
馬紅，侯桂生，王元月 · 產融結合與我國企業投融資期限錯配——基於上市公司經驗數據的實證研究 [J]，南開管理評論，2018(3):46-53.

p.118：
賈寧，李丹 · 創業投資管理對企業績效表現的影響 [J] 南開管理評論，2011(1): 96-106.

p.125：
Baran L, Forst A, Via T. Dual Class Share Structure and Innovation [DB].2018.

p.126：
Li T, Zaiats N. Information Environment and Earnings Management of Dual Class Firms Around the World[J], Journal of Banking & Finance, 2017,74: 1-23.

p.129：
Friedman E, Johnson S, Mitton T. Propping and Tunneling[J]. Journal of Comparative Economics, 2003,31 (4): 732-750.
張光榮，曾勇‧大股東的支撐行為與隧道行為——基於托普軟件的案例研究 [J]. 管理世界，2006(8): 126-135.

p.131：
張光榮，曾勇‧大股東的支撐行為與隧道行為——基於托普軟件的案例研究 [J]. 管理世界，2006(8): 126-135.
余明桂，夏新平‧控股股東、代理問題與關聯交易：對中國上市公司的實證研究 [J]. 南開管理評論，2004(6):33-38.

p.133：
張光榮，曾勇‧大股東的支撐行為與隧道行為——基於托普軟件的案例研究 [J]. 管理世界，2006(8): 126-135.

p.134：
黃渝祥，孫艷，邵穎紅，王樹娟‧股權制衡與公司治理研究 [J] 同濟大學學報（自然科學版），2003(9):1102-1105.
陳曉，王琨‧關聯交易、公司治理與國有股改革——來自我國資本市場的實證證據 [J]‧經濟研究，2005(4):77-86.
王琨，肖星‧機構投資者持股與關聯方佔用的實證研究 [J]‧南開管理評論，2005(2): 27-33.

p.137：
Hartley-Urquhart, R. Managing the Financial Supply Chain[J]. Supply Chain Management Review, 2006, 10(6): 18-25.

p.138：
Shi W, Connelly B, Sanders G. Buying Bad Behavior: Tournament Incentives and Securities Class Action Lawsuits[J]. Strategic Management Journal, 2016,37(7): 1354-1378.

p.139：
Esty B, Mayfield S, Lane D. Supply Chain Finance at Procter & Gamble[M]. Boston: Harvard Business School Press, 2017.

p.143：
Jia N. Diversification of Pre-I PO Ownership and Foreign IPO Performance[J]. Review of Quantitative Finance and Accounting, 2017,48(4): 1031-1061.

p.163：
Cooper R, Kaplan R. Measure Costs Right: Make the Right Decisions [J]. Harvard Business Review, 1988, 66(5): 96-103.

p.166：
Faleyea O, Hoitashb R, Hoitasha U. The Costs of Intense Board Monitoring[J]. Journal of Financial Economics, 2011,101(1): 160-181.

p.172：
林晚發，劉蘇琳．技術員工高比例的反噬效應：來自證券市場的證據 [J] 珞珈管理評論，2018(1): 151-169.

p.173：
于東智，池國華．董事會規模、 定性與公司績效：理論與經驗分析 [J]. 濟研究，2004(4): 70-79.

p.179：
劉明忠， 張同波，賈寧． 一種以市場為導向的管控方法──新興鑄管的" 兩制" 管控體系 [J]. 清華管理評論，2012(1):80-86.

p.185：
租賃聯合研發中心．2019 年融資租賃業發展情況報告 [J]．華北金融， 2020(03): 26-34.

p.191：
本傑明．格雷厄姆．聰明的投資者第 4 版 [M]. 賈森．茲威格，沃倫．巴菲特，注疏．王中華，黃一義，譯．劉建位，審校．北京人民郵電出版社， 2016.

p.195：
斯蒂芬．H．佩因曼．財務報表分析與證券估值第 5 版 [M]．朱丹，屈騰龍， 譯．北京機械工業出版社，2016.

p.208：
Ball R, Brown P. An Empirical Evaluation of Accounting Income Numbers[J]. Journal of Accounting Research, 1968,6(2): 159-178.

p.209：
小亞瑟．威廉姆斯，理查．M．漢斯．風險管理與保險 [M]. 陳偉，張清壽， 王鉄，唐石泉，鄧宏，譯．北京：中國商業出版社，1990.

p.210：
Beidleman C. Income Smoothing: The Role of Management [J]. The Accounting Review, 1993, 48(4): 653-667.
Graham J, Harvey C, Rajgopal S. The Economic Implications of Corporate Financial Reporting[J]. Journal of Accounting and Economics, 2005, 40(1-3): 3-73.

p.215：
《廣東宜通世紀科技股份有限公司發行股份及支付現金購買資產併募集配

套資金報告書》《關於出售全資子公司 100%股權暨關聯交易的公告》

p.216：

Luehrman T. Investment Opportunities as Real Options: Getting Started on the Numbers[J]. Harvard Business Review, 1998, 76(4): 51-67.

Luehrman T. Strategy as a Portfolio of Real Options [JI. Harvard Business Review, 1998, 76(5): 87-99.

p.218：

龐家任，周樺，王瑋 · 上市公司成立併購基金的影響因素及財富效應研究 [J]. 金融研究，2018(2):153-171.

Driouchi T, Bennett D. Real Options in Multinational Decision-making Managerial Awareness and Risk Implications[J]. Journal of World Business, 2011,46(2): 205-219.

p.223：

Bender P, Brown R, Isaac M, Shapiro J. Improving Purchasing Productivity at IBM with a Normative Decision Support System[J]. Interfaces, 1985,15(3): 106-115.

p.225：

MEMC 與無錫尚德簽署為期 10 年的圓片供應合同 [J] · 電子工業專用設備，2006(8): 63.

p.227：

Yuan R, Sun J, Cao F. Directors' and Officers' Liability Insurance and Stock Price Crash Risk[J]. Journal of Corporate Finance, 2016, 37: 173-192.

p.228：

Jia N, Tang X S. Directors' and Officers' Liability Insurance, Independent Director Behavior, and Governance Effects[J]. Journal of Risk and Insurance, 2018,85(4): 1013-1054.

p.235：

卜繁莉 · 槓桿收購背後的風險──基於吉利收購沃爾沃案例研究 [J]. 濟南大學學報（社會科學版） · 2013(23): 76-79.

Opler T, Titman S. The Determinants of Leveraged Buyout Activity Free Cash Flow vs. Financial Distress Costs[J]. The Journal of Finance, 1993,48(5): 1985-1999.

p.237：

Chutchian, M. Texas Utility Giant EFH Poised To Exit Bankruptcy After Three Years[J]. Forbes, 2017. https://www.forbes.com/sites/ debtwi re/2017 /02/16/texas-uti lity-gia nt-ef h-poised-to-exit-bankruptcyafter-three-years/#3ca8f 1 d43a6b

p.239：
米歇爾・渥克・灰犀牛：如何應對大概率危機 [M]・北京中信出版社，2017.

p.242：
《關於公司發行股份及支付現金購買資產併募集配套資金暨關聯交易事項獲得中國證券會正式批覆的公告》
《關於深圳市年富供應鏈有限公司業績承諾實現情況的公告》

p.243：
韓宏穩，唐清泉，黎文飛・併購商譽減值、信息不對稱與股價崩盤風險 [J] 證券市場導報，2019(3): 59-70.
王文姣，傅超，傅代國・併購商譽是否為股價崩盤的事前信號？——基於會計功能和金融安全視角 [J], 財經研究，2017(9): 76-87.

p.244：
朱滔・上市公司併購的短期和長期股價表現 [J]. 當代經濟科學，2006(3):31-39.

p.248：
Kirschenheiter M, Melumad N D. Can "Big Bath" and Earnings Smoothing Coexist as Equilibrium Financial Reporting Strategies[J]. Journal of Accounting Research, 2002,40(3): 761-796.

p.249：
黃世忠・巨額沖銷與信號發送——中美典型案例比較研究 [J] 會計研究，2002(8): 10-21.

p.250：
Tokuga Y, Yamashita T. Big Bath and Management Change[DB], 2011-6.

p.251：
杜興強，周洋將・高管變更、繼任來源與盈餘管理 [J] 當代經濟科學，2010(1): 23-33.

p.258：
Brav A, Graham J, Harvey C, Michaely R. Payout Policy in the 21st Century[J]. Journal of Financial Economics, 2005,77(3): 483-527.

p.262：
加里・J・普雷維茨，皮特・沃頓，皮特・沃尼澤・世界會計史：財務報告與公共政策（美洲卷）[M] 陳秋秋，譯. 上海：立信會計出版社，2015.

p.263：
Bernile G, Bhagwat V, Rau R. What Doesn't Kill You Will Only Make You More Risk-Loving: Early-Life Disasters and CEO Behavior[J]. The Journal of

Finance, 2017,72(1): 167-206.

p.321：
陳信元，夏立軍・審計任期與審計質量 來自中國證券市場的經驗證據 [J]
會計研究，2006(1):44-53.
黃世忠，安達信・世界通信公司審計失敗原因剖析 [J] 中國註冊會計師，
2003(6): 45-47.
Lennox C. Audit Quality and Executive Officers' Affiliations with CPA Firms[J].
Journal of Accounting and Economics, 2005,39(2): 201-231.

p.347：
巴魯克・列夫，谷豐・會計的沒落與復興 [M]・方軍雄，譯・北京：北京
大學出版社，2018.

p.348：
巴魯克・列夫，谷豐・會計的沒落與復興 [M]・方軍雄，譯・北京：北京
大學出版社，2018.
埃爾登・亨德里克森・會計理論 [M]・王澹如，陳金池，編譯・施仁夫，
陳乃寬，審校・上海：立信會計出版社，2013.

p.350：
陳運森・社會網路與企業效率基於結構洞位置的證據 [J] 會計研究，
2015(1): 48-55.
Hochberg Y, Ljungqvist A, Lu Y. Whom You Know Matters: Venture
Capital Networks and Investment Performance[J]. The Journal of Finance,
2007,62(1): 251-301.

p. 351：
巴魯克・列夫，谷豐・會計的沒落與復興 [M]・方軍雄，譯・北京：北京
大學出版社，2018.

p. 352：
賈建軍，張為國，王春紅 另類業績指標披露及其規則的發展和我們的對
策——基於京東和蘋果案例的研究 [J] 會計研究，2019(5):20-26
Mckeon J. Long-Term Trends in Non-GAAP Disclosure: A Three-Year
Overview[DB]. Audit Analytics (2018). https://blog.auditanalytics.com/long-
term-trends-in-non-gaap-disclosures-a-three-year-overview/

p.354：
Jia N, Rai A, Xu SX. Reducing Capital Market Anomaly: The Role of
Information Technology Using an Information Uncertainty Lens[J].
Management Science, 2020,66(2): 979-1004.

國家圖書館出版品預行編目（CIP）資料

零基礎財務學：公司裡每個人都要有財務思維。超過
50 個案例解析，看故事秒懂。／賈寧著. -- 初版. -- 臺
北市：大是文化有限公司，2023.2
368 面；17×23 公分. --（Biz；410）
ISBN 978-626-7192-50-4（平裝）

1. CST：財務管理　2. CST：財務金融

494.7　　　　　　　　　　　　　　　111015997

Biz 410

零基礎財務學

公司裡每個人都要有財務思維。
超過 50 個案例解析，看故事秒懂。

作　　者／賈寧
責任編輯／楊皓
校對編輯／陳竑悳
美術編輯／林彥君
副 主 編／馬祥芬
副總編輯／顏惠君
總 編 輯／吳依瑋
發 行 人／徐仲秋
會計助理／李秀娟
會　　計／許鳳雪
版權主任／劉宗德
版權經理／郝麗珍
行銷企劃／徐千晴
行銷業務／李秀蕙
業務專員／馬絮盈、留婉茹
業務經理／林裕安
總 經 理／陳絜吾

出 版 者／大是文化有限公司
　　　　　臺北市 100 衡陽路 7 號 8 樓
　　　　　編輯部電話：（02）23757911
　　　　　購書相關諮詢請洽：（02）23757911 分機 122
　　　　　24 小時讀者服務傳真：（02）23756999
　　　　　讀者服務 E-mail：dscsms28@gmail.com
　　　　　郵政劃撥帳號：19983366　戶名：大是文化有限公司

法律顧問／永然聯合法律事務所
香港發行／豐達出版發行有限公司 Rich Publishing & Distribution Ltd
　　　　　地址：香港柴灣永泰道 70 號柴灣工業城第 2 期 1805 室
　　　　　　　　Unit 1805, Ph.2, Chai Wan Ind City, 70 Wing Tai Rd, Chai Wan, Hong Kong
　　　　　電話：21726513　傳真：21724355
　　　　　E-mail：cary@subseasy.com.hk

封面設計／林雯瑛　內頁排版／江慧雯
印　　刷／鴻霖印刷傳媒股份有限公司

出版日期／2023 年 2 月初版
定　　價／新臺幣 480 元（缺頁或裝訂錯誤的書，請寄回更換）
I S B N／978-626-7192-50-4